科学施肥新技术丛书

葱 蒜 茄果类蔬菜
施肥技术

梅家训 丁习武 祝月凯 编著

金盾出版社

内 容 提 要

本书由山东省农业技术推广总站高级农艺师梅家训等编著。全书共七章,分别介绍了大葱、大蒜、圆葱、韭菜、番茄、茄子、辣椒的施肥技术。内容包括上述七种蔬菜的生物学特性,对环境条件的要求,需肥吸肥特点及科学施肥技术等。本书内容丰富,通俗易懂,技术先进实用,可操作性强,适合广大菜农、农业技术人员和农业院校师生阅读参考。

图书在版编目(CIP)数据

葱 蒜 茄果类蔬菜施肥技术/梅家训等编著.—北京:金盾出版社,2000.9

(科学施肥新技术丛书/杨先芬等主编)

ISBN 978-7-5082-1259-3

Ⅰ.葱… Ⅱ.梅… Ⅲ.①鳞茎类蔬菜-施肥②茄果类蔬菜-施肥 Ⅳ.S630.6

中国版本图书馆 CIP 数据核字(2000)第 26668 号

金盾出版社出版、总发行

北京太平路 5 号(地铁万寿路站往南)
邮政编码:100036 电话:68214039 83219215
传真:68276683 网址:www.jdcbs.cn
封面印刷:北京精美彩印有限公司
正文印刷:北京军迪印刷有限责任公司
装订:海波装订厂
各地新华书店经销
开本:787×1092 1/32 印张:4 字数:88 千字
2011 年 7 月第 1 版第 7 次印刷
印数:58001—64000 册 定价:8.00 元

(凡购买金盾出版社的图书,如有缺页、
倒页、脱页者,本社发行部负责调换)

"科学施肥新技术丛书"编委会

前　言

　　科学施肥是提高种植作物产量、品质和降低生产成本的重要因素。目前在作物种植中盲目施肥、单一施肥、过量施肥的不合理用肥问题较为普遍。比较突出的是重视施用化肥,轻视施用有机肥;重视施用氮肥,轻视施用磷、钾肥和微量元素肥料;氮磷钾大量元素之间、大量元素和微量元素之间比例失调,肥料利用率仅为30％左右。这不仅降低施肥效果,增加生产成本,而且长此下去还会导致土壤退化、酸化和盐渍化,使种植作物大幅度减产,产品品质下降,给生产造成损失。

　　针对种植作物在施肥方面存在的问题,为普及施肥知识,做到科学、合理施肥,提高肥料利用率和土地产出率,发展高产、高效、优质农业,实现农业增产、农民增收的发展目标,促进农业和农村经济持续稳定发展及提高中国加入世界贸易组织(WTO)后农产品的竞争实力,我们组织有关专家编写了"科学施肥新技术丛书"。丛书内容包括粮、棉、油、菜、麻、桑、茶、烟、糖、果、药、花等种植作物的科学施肥新技术,共19册。

　　该丛书从作物的生物学特性入手,说明作物生长发育所需要的环境条件,重点说明各种作物对土壤条件的要求,并以作物的需肥、吸肥特点为依据,详细介绍了施肥原理和比较成熟、实用的施肥新技术、新经验、新方法。其内容以常规施肥技术和新技术相结合,以新技术为主;以普及和提高相结合,以提高为主;以理论和实用技术相结合,以实用技术为主,深入浅出,通俗易懂,技术要点简明扼要,便于操作,对指导农民科学施肥,合理施肥,提高施肥水平和施肥效果,将会起到积极的作用。同时,也是农业技术推广人员和教学工作者有益的参考书。

"科学施肥新技术丛书"编委会

2000 年 7 月

目　　录

第一章　大葱施肥技术

　　大葱原产于亚洲西部和我国的西北高原。大葱在我国栽培历史悠久,范围广泛,全国各地都有分布,尤以淮河流域、秦岭以北的中原和北方地区最为普遍,早已成为周年均衡供应的香辛叶菜类蔬菜和北方的特产蔬菜。在长期的栽培实践中,我国各地出现了不少著名的大葱产地和优良的大葱品种。如山东的章丘大葱,辽宁的朝阳大葱,内蒙古的毕克齐大葱,陕西的赤水弧葱等都驰名中外。大葱有普通大葱、分葱、胡葱和楼葱4个类型。生产上栽培的多属于普通大葱类型。其中按其假茎(葱白)的长短,可分为长葱白、短葱白两种类型。长葱白类型大葱,相邻叶身茎部间距较大,假茎长,粗度均匀,产量高。主要品种有:高脚白,五叶齐,海洋葱,三叶齐,章丘大梧桐,气煞风,华县谷葱,毕克齐大葱,赤水弧葱等。短葱白类型主要品种有:天津分葱,上海寒兴葱,细香葱,白米葱,浙江四季葱,寿光八叶齐,鸡脚葱等。大葱的食用部分是叶片和假茎。其干物质含量为 8%～14%。大葱含有较多的蛋白质、糖类、无机盐和维生素等。现代医学研究表明,大葱不仅具有增进食欲、开胃消食、杀菌防病的作用,而且还能减少胆固醇在血管壁上的沉积,防止血液中纤维朊凝结形成血栓,有防治心血管疾病的作用。大葱可生食,也可熟食,是深受人们欢迎的一种蔬菜,不仅可大量内销,而且可出口创汇,经济效益和社会效益较好。

一、大葱的生物学特性

(一)大葱的根

大葱的根系呈白色弦丝状,为浅根性须根系。根着生在短缩茎上,发根能力较强。随着茎盘增大,新根不断发生,可达50～100条,长度可达45厘米左右。但根的分支性较弱,根毛很少。大葱播种出苗后,先扎初生根,13～14天生长第一条次生根,15～17天生长第二条后生根,20～22天出现分枝根。越冬前90天苗龄的葱可生有9条须根和10条支根。葱苗返青后,根系活动加快,至移栽期根系数量可达35条左右,到产品收获期,单株根系数量可达190条以上,鲜重可达30克左右,单根长度可达110厘米。在总的根系中,初生根和次生根不易辨别,但分支根明显。葱根无形成层,增粗不明显,而加长生长较快。植株生长旺盛期,根系的84%～93%密布在根茎部外20厘米的范围内,根系分布有明显上升的趋势,直至地表附近。这一特点对制定大葱施肥技术方案是很重要的。

(二)大葱的叶

大葱的叶由叶身和叶鞘两部分组成,叶按1/2的叶序着生在茎盘上。叶身生长初期幼嫩充实,中空不明显,伸出叶鞘后,叶身呈管状中空,故称管状叶。叶的中空部分是由于海绵组织的薄壁细胞生长崩溃所致。在葱叶的下表皮及其绿色细胞之间,充满无色涕状粘稠液体,叶身细胞破损时,会挥发出强烈的辛辣气味,令人呛鼻流泪。据观察,秋播大葱,播种后15天开始出现第一个真叶,40天后出现第三个真叶,返青到移栽前可出现可见叶12～14个,从定植到产品收获能生长可见叶15～18个。在葱的一生中,共可发生34～41个叶片。一般叶龄在生长盛期为40～45天,叶龄寿命21～63天。叶的盛衰和消长与大葱的营养生长和营养积累密切相关,直接关系到大葱产品的形成和产量的提高。因此,在生产上应采取相应的促叶、保叶措施,延长外叶的寿命,提高叶的光合能力,增加大葱产量。

(三)大葱的茎

大葱的茎为假茎,由多层叶鞘相互抱合而成。中间为生长锥,葱叶从生长锥的两侧、按互生的顺序相继发生。葱叶的分化有一定的顺序性,内叶的分化和生长均以外叶为基础,并从相邻外叶的出叶孔穿出叶鞘,每个叶鞘都是背厚腹薄,形成筒状,类似茎,但不是茎,故称假茎,又称葱白。

大葱的产量取决于假茎的长度和粗度。而假茎的生长,又受发叶速度、叶片数量和叶面积大小等因素的影响。一般是叶片数越多、假茎越高越粗、叶身生长越壮、叶鞘越肥厚、假茎越粗大,产量就越高。假茎的高度,随着培土层的加厚而逐步伸长。培土对大葱的生长具有重要作用,通过培土,可固定植株,防止倒伏,并可为假茎的生长创造一个适宜的黑暗、冷凉、湿润的环境条件,促进假茎的伸长和软化,提高大葱的产量、品质及食用价值。定植后,因植株小,气温高,培土要浅。进入葱白生长盛期,气温较高,培土可加深。一般短白葱品种,培土高度20厘米左右;长白葱品种,培土高度30~40厘米。培土次数,一般3次即可。培土时,墒情要适宜,土壤要疏松。

(四)大葱的花与果

大葱的花为两性花,属于虫媒异花作物。大葱在营养生长期,茎呈圆锥形,先端为生长点,随着株龄的增加,短缩茎稍有伸长,茎盘的顶芽逐步分化,抽生花薹。花薹中空,圆柱形,先端着生头状花序,每个花序有小花400~600朵,多的可达1 500朵。小花外面由花序总苞包被,开花时总苞破裂。花薹绿色,具有较强的同化效应,是大葱的重要同化器官。大葱一旦花芽分化,或生长点遭到破坏,就不再分化新叶,在内层叶鞘茎部可萌生 1～2 个侧芽,并发育成新的植株。

大葱的果为蒴果,每果含有 6 粒种子,呈盾形,有棱角,稍扁平,黑色,表面有较多不规则的皱纹,脐部凹洼,千粒重 3 克左右,寿命 2 年。

二、大葱对环境条件的要求

(一)大葱对温度条件的要求

大葱在营养生长期间,既抗寒又耐热。有效生长的温度范围为 7～35℃。种子在 2～3℃温度下发芽缓慢,在 13～20℃的温度下发芽迅速,7～10 天即可出土,超过 20℃时,发芽出苗的速度并不加快。植株生长的适宜温度为 19～25℃,低于 10℃生长缓慢,高于 25℃生长不良,植株细弱,叶身发黄,形成的叶和假茎品质差。通过春化的最适温度为 2～7℃。

大葱的抗寒性极强,地上部在 -10℃ 的低温条件下,不受冻害。其抗寒能力取决于品种特性和植株营养物质的积累。幼苗过小,耐寒能力低,经过锻炼或处于休眠状态的植株,耐寒能力显著提高。所以秋播育苗,播种宜早,越冬时幼苗较大,抽薹率高;播种过晚,越冬时幼苗很小,抗寒能力低,容易死苗。应掌握适宜的播种期。

(二)大葱对光照条件的要求

大葱不耐阴,也不喜光,要求适中的光照强度,即中性光照。光照过强,叶片纤维增多,叶身老化,食用价值、商品质量降低;光照过弱,光合强度下降,叶身容易黄化,影响营养物质的合成与积累,会引起减产。大葱植株达到一定大小后,由营养生长过渡到生殖生长,通过春化过程,在长日照条件下,花芽才能分化,抽薹开花。

(三)大葱对水分条件的要求

大葱叶片比较耐旱,根系喜湿,要求有较高的土壤湿度和较低的空气湿度。在生长发育期间对水分的要求并不十分严格,但水分不足,植株较小,辛辣味浓;水分过多,易沤根,死苗。大葱不同生育阶段对水分要求的特点不同。

发芽期要求水分较多,只有保持土壤湿润,才能保证发芽出苗。幼苗生长前期,为防止徒长或秧苗过大,应适当控制水分,保持畦面见干见湿。越冬前浇足冻水,保证安全越冬。春天返青后,为促进幼苗生长,要浇好返青水。进入幼苗生长盛期,为加快生长速度,应增加浇水次数和浇水数量。定植后的缓苗阶段,土壤水分不足,缓苗慢;水分过多容易引起烂根、黄叶,影响生长。此时应以中耕保墒为主,促进根系生长,加速缓苗。葱白形成期,需水量较多,要保持土壤湿润,以提高产量和品质。收获前应减少浇水或不浇水,以提高大葱的耐贮性。

(四)大葱对土壤条件的要求

大葱对土壤条件的适应性较广,从砂壤土到粘壤土几乎都可以栽培。所以在长江南北、中原、西北、华北,特别是东北数省,都有广泛的栽培,并能够获得较高的产量。大葱在砂壤土上栽培,便于松土和培土,土质疏松,透气性强,容易获得高产。但是在砂质壤土上栽培的大葱,其收获产品,细胞壁木质化程度大,葱白粗糙、松弛,外干膜层次多,不脆嫩,辛辣味重,不耐贮运。沙土地过于松散,培土后容易倒塌,保水保肥性差,产量低。粘土地,土质粘重,不利于大葱发根和葱白生长,植株纤弱,根系不壮,葱白细长,产量较低。但是在粘质土壤上栽培收获的大葱产品,组织细密,葱白洁白、脆嫩。大葱对土壤的适应性虽然较强,但以土层深厚、质地疏松、有机质丰富、保水保肥力强的壤土最为适宜。生产上栽培大葱,要求中性土壤,pH 范围为 5.9～7.4,生育界限为 pH 4.5 和 pH 7.0 左右对大葱生长最为适宜。在酸性土壤上栽培大葱,应注意施用生石灰,进行土壤改良。

通过对山东省章丘市梧桐葱产区的土壤调查认为,大葱优质高产栽培的土壤条件是:0～25 厘米土层,土壤有机质为 2.55%,全氮 0.083%,全磷 0.128%,碱解氮 60 毫克/千克,速效磷 15 毫克/千克,速效钾 58 毫克/千克;pH 值 8.2;容重 1.17 克/厘米^3,总孔隙度 55.8%,通气孔隙度 18.9%,1～3 毫米颗粒结构 46.0%;土壤田间持水量 29.10%;土壤质地为黑褐中壤,粒状,疏松,孔隙动物穴多,侵入体多。

大葱育苗地对土壤条件的要求比较严格,要求地势平坦、地力均匀、土壤肥沃、灌排方便、耕作层深厚的粘质壤土。要根据水源条件,精细整地、做畦。畦长 20～30 米,宽 1～1.2 米,畦埂高 10 厘米,埂底宽 25 厘米。畦埂要踏实,埂沿要整齐。结合整地做畦,施足基肥后再浅耕,搂平耙细,整平畦面。大葱从定植到收获需 120～140 天,时间长,产量高,消耗地力较多,对移栽定植大葱的地块,不但要求土壤耕层深厚,土质肥沃,而且还要忌连作重茬。大葱在重茬地上栽培,生长弱,病虫害严重,产量低,品质差。因此在移栽定植大葱时,要选好地块,增施肥料,培肥地力。在茬口安排上最好进行 3～4 年轮作。前茬作物可选择小麦、玉米、谷子、豌豆等粮食作物和越冬莴笋等蔬菜。山东省栽培的大葱,一般是用小麦茬。在小麦收获后,及时进行中耕、灭茬、深耕、整地。整地标准:一般按 80 厘米的沟距开沟,南北向,沟深、沟宽均为 30～35 厘米,沟底用细长条镂刨宽 15 厘米、深 25～30 厘米的松土层。用铁耙或铁锹等工具将垄背上的坷垃拍碎、拍实,这样一方面在大葱移栽定植时垄上能站人，另一方面也可防止垄的塌陷。大葱的收获，最好能安排在冬季休闲时间进行，以便翌年种植春小麦，或定植茄果类、瓜类及春甘蓝、春莴笋等蔬菜。

三、大葱的需肥吸肥特点

大葱是喜肥作物，但吸肥能力较弱，要求有较高的土壤肥力。生长期间要及时追肥，并以氮肥为主，配合施用磷、钾肥，以提高产量，改进品质。

大葱不同生育时期，由于生长量不同，需肥吸肥量也不相同。大葱从播种到收获要经过1～2年时间，这一阶段为营养生长时期；在低温下，通过春化后，开始花芽分化，然后在长日照下，开花结籽，这一阶段是生殖生长时期。所以大葱的生活周期为2～3年。在营养生长时期可分为发芽出土期、幼苗期、植株生长盛期和葱白形成期。

大葱从种子萌动露出胚根到长出第一片真叶为发芽出土期。胚根种子叶的生长，由种子中的胚乳供给营养，几乎不需要外界供给营养。但在末期及时供给外界营养，有利于由发芽向幼苗期过渡。

大葱从第一片真叶长到定植为幼苗期。北方秋播大葱幼苗期长达8～10个月。越冬期的幼苗，因气温较低，生长量小，需肥量也较少，在苗床施足基肥的情况下，一般不需再施肥。多施肥反而易造成幼苗过大，而发生先期抽薹现象，或使幼苗徒长而降低越冬能力，不利于培育冬前壮苗。冬前壮苗标准是：平均单株高10厘米左右，有2个真叶，1个心叶，幼苗鳞茎基部直径不超过0.3厘米，苗子壮而不旺。为确保幼苗安全越冬，可在"大雪"前后早晨有冻时，盖施1厘米厚的碎马粪、草木灰或细圈肥等。在越冬期，大葱处于休眠状态，生长极为微弱，一般不需要营养。

大葱从返青到幼苗期结束，为幼苗生长盛期。此期长达80～100天，是培育壮苗的关键时期。适宜定植的幼苗，株高35～40厘米，直径1.3～1.5厘米。为防止幼苗徒长，需要进行蹲苗，人为地限制其营养吸收，控制其生长。

大葱定植后，原有的须根不再继续生长，并很快腐朽，4～5天后开始萌发新根，心叶开始生长，幼苗处在恢复阶段。在夏季高温条件下，缓苗较慢，生长迟缓，株重、株高有减无增，需肥吸肥量少。进入秋天后，天气逐渐凉爽，昼夜温差加大，植株生长速度加快，葱白开始加长生长，并先伸长后加粗。此期是大葱需肥吸肥最多的时期，是施肥的关键时期，也是培土软化、形成冬葱产量的季节，葱白产量几乎占植株生长量的40%。随着天气温度的下降，遇霜后，植株生长即停止，叶和根系逐渐衰老，吸肥量迅速下降，产品器官形成，直到收获前，大葱主要靠叶身供应养分。

（一）大葱对主要营养元素的吸收

据试验研究，每生产1 000千克大葱，需吸收纯氮2.7～3.0千克，五氧化二磷0.5～1.2千克，氧化钾3.3～4.0千克。吸收量以钾最多，氮次之，磷最少。氮、磷、钾的吸收比例为1：0.4：1.3。从氮、磷、钾的积累吸收动态看，进入8月中旬，气候冷凉后，正是大葱植株和葱白生长旺盛时期，是需肥吸肥的高峰期。氮、磷、钾的吸收动态是：氮的吸收，在大葱移栽缓苗期，天气炎热，根系不发达，叶的生长量小，需氮不多，一般每667平方米吸收量为2千克左右，占总吸收量的13%；8月下旬（"处暑"前后），绿叶生长量加大，光合作用增强，每667平方米的需氮量旬递增2.5千克左右；至9月底（"秋分"以后）即占总吸收量的50%以上；10月底（"霜降"前后)积累吸收量达到 87.7%；11 月上旬植株含氮量达到高峰，到 11 月中旬回落到 80.7%。所以氮肥要在 8 月中旬开始追施，9 月份重施。大葱对磷的积累吸收比较缓和，9 月上旬以前基本稳定，一般每 667 平方米吸收量在 1～1.5 千克的水平上；9 月中旬以后开始增加，每 667 平方米的吸收量可达到 2.8 千克，约占总吸收量的 34.9%；10 月底，每 667 平方米吸收量为 7 千克左右，约占总吸收量的 86%；11 月上旬达到高峰，以后逐渐回落。钾是大葱需要量较多的元素，大葱对钾的吸收，在 8 月中旬以前，吸收量不多；9 月中旬以后急剧增加，每 667 平方米吸收量 9.45 千克，占总吸收量的 34.85%；10 月份，每 667 平方米的吸收量为 23.33 千克，占总吸收量的 86.1%；随着植株产品的形成，11 月上旬吸收量达到高峰，11 月中旬回落到 80.7%。

（二）主要营养元素对大葱的生理作用

1. **氮** 大葱叶片的生长需要较多的氮肥。如果氮素不足，不仅叶片数少，叶面积小，而且叶身中的营养物质向叶鞘运输的也少，这会影响大葱假茎的产量和品质。大葱对氮素营养的反应十分敏感。据山东省农业科学院蔬菜研究所对大葱氮、磷、钾追肥效应的试验，在施用同样基肥的基础上，在缓苗期和葱白生长盛期中，土壤缺氮减产最显著，缺钾次之，缺磷影响较轻。当土壤碱解氮低于 60 毫克/千克时，增施氮肥有显著的增产效果。高产栽培，在大葱生长盛期，要求土壤碱解氮保持在 80～100 毫克/千克。

2. **磷** 磷素参与大葱植株各部位的生理活动，能促进新根发生，增强根系活力，扩大根系营养吸收面积，对培育壮苗、提高幼苗抗寒性和提高产量有重要作用。大葱在育苗期，床土磷肥不足，不仅苗重比一般苗床明显减轻，而且在定植后，植株的生长也会受到影响。在土壤速效磷含量低于20毫克/千克和有机肥施的少时,需要补充磷肥。

3. 钾　钾素参与绿叶光合作用的功能活动和促进碳水化合物的运输,集中活跃在分生组织和代谢旺盛的重要部位。钾对幼苗生长的大小,似乎无不良影响,但在假茎肥大前后缺钾或少钾,都会影响产量。在大葱植株进入生长盛期,土壤速效钾含量低于120毫克/千克时,施用钾肥,可提高假茎的品质和单位面积产量。所以葱农都有施用含钾较多的炕土、墙土、草木灰等肥料的习惯。

4. 钙、镁、锰、硼、硫等营养元素　这些营养元素对大葱的生长和品质也有一定的影响。在氮、磷、钾肥料供应充足的情况下,增施钙、镁、锰、硼、硫等,可促进葱白增长、增粗,产量提高,品味变佳。

四、大葱的施肥技术

大葱生育期长,需肥量大,在施足基肥的基础上,还要在大葱不同生育期内进行多次追肥。在施肥时要以增施有机肥为主,并配合施用不同营养元素,以满足大葱的营养需求。在大葱苗期应增施磷肥,定植后应满足氮、磷肥的供应。下面根据大葱的生长发育和需肥吸肥特点,介绍几种主要施肥技术。

(一)大葱育苗期的施肥技术

培育壮苗是大葱育苗期的主要任务。苗床土壤肥力直接关系到幼苗质量。育苗地要选用地势平坦、土壤肥力高、灌排方便、耕作层深厚的土壤。同时要重视施用腐熟的圈肥、土杂肥作为基肥,一般要求每667平方米施用2 000～3 000千克,并配施过磷酸钙40～60千克。要在整地前将肥料撒施在地表面,然后浅耕细耙,使有机肥与土壤充分混合均匀,再整平地面,做畦,播种。播种时,每667平方米可撒施5千克尿素或12千克复合肥作种肥,并锄匀搂平,使种肥与土壤混合均匀,以免烧伤种子。但是苗床土不宜施肥过多,特别是播种早、播种量少时,更不能施肥过多,否则冬前苗过大,越冬期间易感应低温,越冬后花芽分化,发生先期抽薹现象,影响产量。

大葱秧苗越冬前,生长量小,吸肥量少,在苗床施足基肥的情况下,应控制肥水,防止秧苗过大或徒长,一般不再施肥浇水。越冬期,在土壤开始上冻时,可结合浇水,追1次少量的氮、磷肥,在地面盖1～2厘米厚的马粪或圈肥等,使幼苗安全越冬。

第二年2月底,葱苗的根系和心叶已经开始活动,有条件的可在清晨撒施细碎圈杂肥,每667平方米撒施2 000千克,有利于保墒保温,促苗早发。葱苗返青后,幼苗的生长量逐渐增大,对肥水的需要量也不断增加,是培育壮苗的关键时期。此期,在越冬前浇过越冬水、但未进行追肥的,可结合浇返青水追施返青肥,即"提苗肥",促进幼苗生长。一般每667平方米追施硫酸铵10千克左右。磷肥不足的可配合施用过磷酸钙,也可撒施土杂肥2 000～3 000千克,或施炕土、墙土、圈肥等。在幼苗旺盛生长前期和中期可各追施1次速效性氮肥,每次每667平方米追施硫酸铵5～10千克,或尿素3～5千克,以促进幼苗健壮生长。但在定植前,要注意控制肥水,防止葱苗发嫩,定植后成活率降低。

(二)大葱定植后的施肥技术

移栽定植大葱的地块,不需要进行深耕深翻,只需浅耕灭茬,清除杂草。但要施足基肥,基肥要以腐熟的有机肥为主,一般每667平方米施用5 000～8 000千克。含磷较少的土壤每667平方米可施过磷酸钙25千克,草木灰150千克,或硫酸钾 8～10 千克。此外,每 667 平方米可再撒施硫酸铜 2 千克,硼酸 1 千克。基肥的施用方法,多采用普施和集中施相结合。普施就是在整地前将肥料撒施后,耕翻土地,使土、肥充分混合均匀,再按行开沟定植大葱;集中施就是在定植大葱时,开沟后在沟底撒施有机肥和磷肥,施肥后再将沟底刨松,使沟内有机肥等肥料与沟底土壤混合均匀,然后定植大葱。实践证明,集中沟施基肥是大葱增产的关键。

大葱定植后的追肥,应根据大葱的生长特点进行,掌握"前轻、中重、攻中补后"的原则。轻在 8 月份,重在 9 月下旬,补后在 10 月上旬。山东省一般从 6 月中下旬移栽定植大葱,至 8 月中旬,气温变化在 24～29℃之间,处在炎热的季节里,移栽后 2～3 天,就开始萌发新根,原有的须根大都烂掉,8～10 天后,心叶见绿,管状叶逐渐展开,但根少苗弱,叶的生理功能也较弱,植株生长迟缓,营养吸收也很少,可利用基肥的营养,促进缓苗和根系发育,一般不需要过多的施用肥水。"立秋"以后,气温逐渐下降,根系已基本恢复生长,进入发叶盛期,对肥水的需要量迅速增加,要追施"攻叶肥"。一般每 667 平方米施用优质土杂肥或炕土、墙土 3 000～5 000 千克,或饼肥 100～150 千克,也可施用尿素 10～15 千克。要施在沟脊上,施肥后进行中耕,使肥、土混合均匀。"处暑"(8 月 23～24 日)以后,气候逐渐变凉,大葱生长加速,需肥量增加,应进行第二次追肥,以加强叶部生长。一般每 667 平方米追施碎饼肥 50～75 千克,人粪尿 750 千克,过磷酸钙 30 千克,草木灰 100 千克,可随水施入,施肥后要进行深中耕,培土。"白露"以后,天气凉爽,昼热夜凉,温差变大,要逐步培土,促进葱白形成。在葱白形成期,由于生长量大,需肥量也达到高峰,应在"白露"和"秋分"追施"发棵肥",要以速效氮肥为主,每次每 667

平方米追施硫酸铵 15～20 千克,或尿素 10 千克,草木灰 100千克,或硫酸钾 12～13 千克。"发棵肥"要施在行间沟内距葱根较近的部位。施肥后要浅中耕,勤浇水,重浇水,以充分发挥肥水的交互作用。"秋分"至"寒露"是大葱植株旺盛生长时期,是产品形成前需肥的高峰期,要重施追肥,要高培土。一般每667 平方米追肥尿素 15 千克,或复合肥 25 千克,草木灰 100千克,或硫酸钾 12.5 千克。"霜降"以后,天气逐渐变冷,大葱生长速度逐渐减慢,外部叶片的营养向葱白转移,使葱白进一步肥大,这时一般不需追肥,如出现有脱肥早衰的现象,可酌情补施速效性氮肥,一般每 667 平方米施用标准氮肥 5 千克左右,并应减少浇水,以利于贮藏。

山东省章丘市对大葱追肥期进行试验,结果证明,大葱移栽定植后,在基肥施用量相同的情况下,以前轻后重的方法施肥,即"处暑"(8 月 23～24 日),每 667 平方米施氮 2.5 千克,磷 1.5 千克,钾 2.5 千克;"白露"(9 月 8～9 日),每 667 平方米施氮 5 千克,磷 2.5 千克,钾 5.5 千克;"秋分"(9 月 23～24日),每 667 平方米施氮 12.5 千克,磷 6 千克,钾 12.5 千克。每 667 平方米平均产量为 4 057.5 千克,产量最高。它比前重后轻施肥("处暑"施氮 12.5 千克,磷 6 千克,钾 12.5 千克;"白露"施氮 5 千克,磷 2.5 千克,钾 5 千克;"秋分"施氮 2.5千克,磷 1.5 千克,钾 2.5 千克)的,每 667 平方米增产16.6%。攻中补后施肥的,每 667 平方米产 3 900 千克,比前重后轻的增产 12.1%。

理论与实践都证明,大葱追肥应"前轻、中重、攻中补后",追肥要与中耕培土、浇水相结合;追肥要有机肥与无机肥相结合,并做到分期施,交替施,全层施和混合施。追肥要以氮肥为主,重用钾肥,兼顾磷肥。

五、青葱的施肥技术

青葱是用大葱种子生产幼苗(叶及叶鞘)的栽培方式。一般以较大的幼苗作为食用器官,无须形成发达的葱白。其播种期要求不严格,一般在春、秋季播种,多为不移植的懒葱秧。春季 3～4 月份播种,6～7 月份收获;秋季 9 月下旬至 10 上旬播种,翌年 5～6 月份收获。这段时间可以以葱苗代替大葱供应市场,确保大葱周年供应,满足市场需要。

青葱栽培,因食用部分为鲜嫩的叶和叶鞘,所以在施肥上,应以促进叶部生长为主,施用速效性氮肥。青葱苗床土要求肥沃,结合苗床整地,每 667 平方米施用有机肥 4 000～5 000 千克,并配合施用过磷酸钙 50 千克。春播夏收的青葱,在肥水管理上,要一促到底,幼苗开始旺盛生长以后,一般每20 天左右,追施 1 次速效性氮肥,配合施用适量的磷、钾肥,每次每 667 平方米可施用硫酸铵 15 千克左右。秋播夏收的青葱,在葱苗越冬前要适当控制肥水,以防冬前秧苗过大,春季大量发生先期抽薹。葱苗返青后,应及时浇返青水,追施返青肥,促苗早发快长,每 667 平方米可施用尿素 15 千克左右,或营养相当的其他氮素化肥。以后每 20 天每 667 平方米施用硫酸铵 15 千克左右,并结合追肥,充分浇水,以加强营养生长,防止或延迟抽薹,提高青葱产量。

六、韭葱的施肥技术

韭葱别名扁葱、扁叶葱。食用部分为叶、假茎和花薹。在北京、上海、广西、湖北、四川、陕西、河北等地都有栽培。上海已有近百年的栽培历史。

韭葱属百合科葱属,二年生草本植物。叶披针形,扁平,叶鞘合抱成茎状,称为假茎。假茎很像葱白,生长到第二年基部形成鳞茎。韭葱在未进入生殖生长阶段以前,茎短缩成茎盘,阶段发育完成后,生长点分化花芽,形成花薹。伞形花序,外有总苞,开花时总苞单侧开裂脱落。种子有棱,黑色,千粒重2.8克左右。根为弦线状须根,几乎无根毛,入土浅,吸收能力不强,不耐旱,对土壤水分要求较高,但不耐涝。

韭葱耐寒而又适应性较广。生长适宜的温度,白天18～22℃,晚上12～13℃。在30℃的条件下,能正常生长,但长期高温,叶片容易发黄,在凉爽的气候条件下,生长旺盛。韭葱从营养生长,转到生殖生长,需在4～5片叶的幼苗期,经过较长时间的5～8℃低温,花芽分化,再遇到长日照,在18～20℃的条件下,抽生花薹。

韭葱是喜肥作物。要求在富含有机质、肥沃、疏松的土壤上种植,并要施足肥料。育苗地一般每667平方米施用有机肥2 500～3 000千克。施肥时,要把肥料撒施在畦面上,深翻耙平,以备播种。播种后要经常保持表土湿润,以利于出苗。幼苗生长到3～4片叶时,结合浇水,每667平方米追施硫酸铵10千克左右,促其迅速生长。韭葱移栽定植时,要清除前茬作物的残株及杂草,整平土地,每667平方米施用有机肥2 500～3 000千克,深翻细耙,使土、肥充分混合均匀,整地做畦(起垄)。畦栽的,心叶开始生长,说明已经缓苗,要浇1次水。9月份以后,气候条件适宜,生长迅速,要结合浇水追施1次肥。进入旺盛生长期,每667平方米追施尿素10千克左右,半个月后再追施10千克。起垄栽培的,缓苗后要进行松土,一般不要浇水、追肥。9月份以后,结合培垄,进行追肥。追肥的方法是先松土,然后每667平方米施用尿素10千克左右,把尿素撒在垄背上,再培土埋严。生长期间,一般要追肥两次,培土两次，以软化假茎，提高产量和品质。

第二章　大蒜施肥技术

　　大蒜原产于亚洲西部高原，在我国已有两千多年的栽培历史，现全国各地都有栽培，形成了许多大蒜名特产区。如黑龙江省的阿城、宁安，吉林省的农安、和龙，辽宁省的开原、海城，河北省的永年、安国，山东省的嘉祥、安丘、苍山、金乡，陕西省的岐山，甘肃省的泾川，西藏的拉萨等。大蒜的品种繁多，各地都有许多地方品种、农家品种和新选育定名的品种。诸如山东嘉祥大蒜、苍山高脚蒜、苍山糙蒜、苍山蒲棵蒜，江苏太仓白蒜，天津六瓣红、柿子红，内蒙古的紫皮蒜、二红皮蒜，黑龙江阿城大蒜，辽宁开原大蒜，西藏拉萨白皮大蒜等。近年来，各省、自治区、直辖市都加强了大蒜新品种的选育、审定工作，经审定和认定的新品种有 10 余个。我国栽培的大蒜，不但食用鳞茎，蒜薹的销售量也比较大，蒜苗的栽培也很普遍。大蒜不论蒜头、蒜薹、蒜苗，食用价值都比较高。蒜头品质粘辣郁香，含有粗蛋白、脂肪、粗纤维、维生素 C、维生素 B_2、糖分、挥发油等。氨基酸的含量也较高，还含有丰富的钾、钙、镁、铜、锌、锰、硼等元素。大蒜具有一定的医疗保健作用，被称为药用植物。蒜头的休眠期比较长，耐贮运，适宜加工，能周年供应，满足市场需求。大蒜是多种蔬菜的良好前作，而且生长期短，可提高复种指数。大蒜不仅可以内销，而且还可出口创汇，具有较高的经济价值。综上所述，发展大蒜生产具有广阔的前景。

一、大蒜的生物学特性

大蒜植株由叶身、假茎、鳞茎、茎盘、花薹和根组成。鳞茎外部是多层干缩的叶鞘,内部是肥大的鳞芽。

(一)大蒜的根

大蒜的根着生在茎盘上,根的下部为弦线状须根,蒜瓣基部的背面发根最多,腹面有较少的须根。播种后,在适宜的条件下,6~7天可生新根70多条,以后根的增加速度减缓,但根长迅速增加。"退母"后又发生一批新根,须根由纵向生长转向横向生长,功能叶长出,植株生长由依靠母瓣营养逐渐过渡到靠自身光合作用独立生长。采薹后,不再发生新根,并开始衰亡。

根群80％分布在0~20厘米的表土层内,横向展开直径在30厘米左右。因根系分布浅,数量少,所以表现有喜湿、喜肥的特点。

(二)大蒜的茎

大蒜的营养茎短缩呈盘状,节间极短,其上着生有叶鞘和鳞芽,经低温和长日照后,从茎盘顶端抽生出花茎即蒜薹。但花序上一般没有花,或只有退化的花,不能结实,所以大蒜只用营养茎繁殖。大蒜大部植株能在花薹的总苞中形成气生鳞茎,又称蒜珠。气生鳞茎与蒜瓣并无明显区别,只是个体小一些,也能作种用,但容易形成独头蒜。用独头蒜再繁殖,可长成较大的蒜头。蒜头长大以后,茎盘在高温条件下逐渐木栓化,形成盘踵。

(三)大蒜的叶

叶互生对称排列,叶片扁平而窄长,带状,肉质,暗绿色,叶面积小,叶型较直立,叶的表面有蜡质,具有耐旱性。播种时,种蒜就已分化有 5 片真叶,播种后继续分化新叶,花芽分化后新叶分化结束,叶片数不再增加。叶的着生方向与蒜瓣背腹连接相垂直,因此在生产上常将母瓣背腹连线与种植行向平行,这样会使叶片接受更多的阳光,以提高群体光合效率。

大蒜出土后,叶片的生长较为迅速,每周可长 1.2～1.3 片叶。15 天后生长速度减慢,直至分化的叶片全部长出为止。叶片的数量因品种而异,一般为 9～13 片。叶片数越多,叶面积越大,对蒜头和蒜薹的生长越有利。

大蒜的叶鞘是营养物质的临时贮藏器官,分化越晚的叶,其叶鞘越长,叶片数越多,假茎越粗壮。幼苗期假茎上下粗度相仿。鳞茎分化后,鳞茎逐渐膨大,叶鞘基部随着增粗。鳞茎成熟时,鳞茎基部所积累的营养物质向内转移到鳞茎,外层叶鞘逐渐干缩呈膜状,包裹着鳞芽,使鳞芽能长期贮存。

(四)大蒜的鳞茎

大蒜的鳞茎即蒜头,是由鳞芽即蒜瓣组成。鳞芽是大蒜营养物质的主要贮藏器官。鳞芽的多少因品种和播种期早晚而异,少的有 4～15 瓣,多的有 20～35 瓣。大蒜进入鳞茎和花芽分化期,植株的生长点形成花原基,同时,在内层叶腋处形成鳞芽。大瓣蒜种在最内 1～2 层叶鞘的基部形成鳞芽,小瓣蒜种在最内 1～6 层的叶鞘基部形成鳞芽。鳞芽的形成,首先在靠近蒜薹的叶鞘基部形成侧芽,中间为主芽,两旁为副芽,均可肥大成蒜瓣。两个叶腋所发生的侧芽交错排列,完全发育可长成 6 瓣蒜。

大蒜从鳞芽开始膨大到收获约需 50 天的时间,其中前 30 天与蒜薹的伸长相重叠,采薹后,植株的生殖优势被解除,养分大量运住鳞芽,鳞芽迅速膨大。蒜头收获后,进入生理休眠期,休眠期一般 2～3 个月。实行人工控制,强迫休眠,贮藏期可延长至 8 个月之久。

二、大蒜对环境条件的要求

（一）大蒜对温度的要求

大蒜耐寒力较强，适宜生长的温度为 12～26℃。蒜瓣在 3～5℃的低温下能发芽，12℃以上发芽较为整齐。幼苗在短时期内，能忍耐−3～−5℃的低温，4 叶 1 心时可耐−10℃左右的低温。蒜薹伸长期适宜的温度为 15～20℃。鳞茎膨大期最适宜温度在 20℃左右，高于 26℃即进入休眠状态。

（二）大蒜对光照的要求

大蒜为长日照植物，其正常生长发育要求有良好的光照条件。幼苗期对光照时间要求不严格。在 12 小时以上的日照条件下和 15～20℃的温度下，茎盘上的顶芽即可转向花芽分化，迅速抽薹。鳞芽分化期以后，要求有 13 小时以上的日照条件，鳞芽才能发育，蒜头才能分瓣，否则就容易形成独头蒜。短日照和稍低的温度条件，能促进新叶的不断形成，使植株只长蒜苗不结蒜头。因此，培育青蒜蒜苗产品时，适宜弱光条件，培育黄蒜苗要求无光条件，蒜头贮藏要求冷凉环境，不宜暴晒。

（三）大蒜对水分的要求

大蒜叶虽耐旱性较强，但根系入土浅，吸收能力弱，所以大蒜要求有较高的土壤湿度，而且不同的生育期，对土壤湿度有不同的要求。播种后保持较高的土壤湿度，能使幼芽幼根加快生长，按时出苗。幼苗期保持土壤见干见湿，能促进根系发育生长。幼苗期以后对土壤水分要求逐渐提高，抽薹期和鳞茎膨大期，对土壤水分的要求达到高峰，农谚"要吃蒜，泥里拌"说的就是这个道理。鳞茎发育后期，需水量迅速减少，应控制浇水，促进鳞茎成熟和提高蒜头的耐贮性。

(四)大蒜对土壤的要求

由于大蒜属浅根性蔬菜,根系主要分布在 25 厘米的表土层内,横展直径 30 厘米左右,对水肥反映较为敏感,表现有喜湿、喜肥、耐肥的特点。对土壤要求比较严格,以富含有机质、疏松肥沃的砂质壤土最为适宜。沙土地保水保肥能力差,生产的蒜头小,但辣味强;粘土地,土质粘重,蒜头小而呈尖形;盐碱地种蒜,蒜瓣易腐烂而招蒜蛆为害,蒜苗瘦弱,返碱时植株易倒伏。土壤过酸时,影响根系生长和矿质营养的吸收。大蒜适宜的土壤为 pH 5.5~6.0 的微酸性土壤。

要想大蒜长的好,达到高产高效的目的,就必须不断培肥地力,提高土壤供肥能力,创造适宜大蒜生长发育的水、肥、气、热协调的土壤条件。试验研究和生产实践表明,每 667 平方米生产鲜蒜头 1 500 千克左右,耕层土壤的肥力基础应为:土壤有机质 1.27%~1.35%,全氮 0.076%~0.091%,全磷 0.11%~0.121%;速效氮 70~80 毫克/千克,速效磷 10~23 毫克/千克,速效钾 106~220 毫克/千克;土壤容重 1.08 克/厘米³,总孔隙度 59%。

深耕细作,增施肥料是培肥地力的有效措施。深耕能加厚土壤耕作层,改良土壤结构,协调土壤透水、蓄水、保水、保肥和透气的矛盾,有利于土壤微生物的活动,能使土壤释放出较多的矿质元素。同时,还有利于根系下扎,扩大根系吸收范围,增强吸收水分、养分的能力,满足大蒜生长发育的需要,夺取大蒜高产。根据大蒜产区创大蒜高产的经验,秋播大蒜在前茬作物收获后,要尽量抢茬耕翻,晒透垡土,一般要晒垡 15 天左右,进一步熟化土壤。试验证明,在同样条件下,早耕翻晒垡的比晚耕翻晒垡的可增产一成以上。但若遇秋旱,则不要晒垡,要在抢墒耕翻后,及时耙细耙平,保好墒情。墒情不足时,可在腾茬前造墒。耕翻深度，一般在 25～30 厘米。耕翻过深，翻出的生土过厚，肥力会相对降低，影响当年大蒜的增产。如土壤耕翻较浅，需要加深耕作层时，要逐年加深，一次可加深 3～5 厘米。同时要深耕深松相结合，以保持熟土在上，生土在下，保证当年增产。春播大蒜，在冬前耕翻土地，施足基肥的基础上，可采用垄作的方法播种。垄作可加厚活土层，地表有沟有垄，能减少径流，增强土壤蓄水抗旱和保肥能力，同时便于集中施肥，加快培肥地力，增加大蒜产量。结合耕翻整地，施足基肥。基肥要以有机肥为主，化肥为辅，可增施部分过磷酸钙等磷肥和草木灰，以改良土壤，培肥地力。在增施有机肥的同时，可把氮素化肥总量的 30% 作基肥施入。

三、大蒜的需肥吸肥特点

大蒜是需肥较多而且较耐肥的蔬菜之一。其不同生育时期对营养元素的吸收动态，是随植株生长量的增加而增加的。

从播种到初生叶伸出地面为发芽期。此期大蒜生长的特点是根系以纵向生长为主，生长点陆续分化新叶，根系的主要作用是吸收水分。由于大蒜生长量小，生长期短，消耗的营养也少，所需的营养由种蒜提供。

从初生叶展开到鳞芽及花芽开始分化为幼苗期。此期不断分化新叶，为鳞芽、花芽分化打基础。随着幼苗的生长，种蒜贮藏的营养逐渐消耗，当养分被吸收利用后，蒜母就开始干缩，生产上称为"退母"。退母期一般在幼苗结束前后。此期大蒜的生长完全靠土壤营养供应，吸肥量也明显增加，如土壤养分不足，植株易出现营养青黄不接而呈现叶片干尖。

幼苗期结束后，进入鳞芽、花芽分化期。此期新叶停止分化，以叶部生长为主。植株的生长点形成花原基，同时在内层叶腋处形成鳞芽,根系生长增强,植株进入旺盛生长期,营养物质的积累增多,为蒜头和蒜薹的生长打下基础。加速土壤养分的吸收利用是大蒜生长发育的关键。

蒜叶全部长成,开始进入抽薹期。此期营养生长和生殖生长并进,生长量最大,需肥量最多。在蒜薹迅速伸长的同时,鳞茎也逐渐形成和膨大,根系生长和吸肥能力达到高峰,是施肥的关键时期。

蒜薹采收后,鳞茎进入膨大盛期,以增重为主。此期吸收的养分和叶片及叶鞘中贮存的养分集中向鳞茎输送,鳞茎加速膨大和充实。在鳞茎膨大期,根、茎、叶的生长逐渐衰老,对营养的吸收量不大,鳞茎膨大所需要的养分,大多数来自于自身营养的再分配。

日本学者平尾 1986 年通过研究认为,大蒜对各种营养元素的吸收量以氮最多,钾、钙、磷、镁次之。把氮的吸收量作为 1 时,则各种营养元素的吸收比例为:氮∶磷∶钾∶钙∶镁＝1∶0.25～0.35∶0.85～0.95∶0.5～0.75∶0.06。每生产1 600千克大蒜需吸收氮 13.4～16.3 千克,吸收磷 1.9～2.4千克,吸收钾 7.1～8.5 千克,吸收钙 1.1～2.1 千克。鳞芽和花芽分化后,是大蒜一生中三要素吸收量的高峰期;抽薹前是微量元素铁、锰、镁的吸收高峰期;采薹后,三要素及硼的吸收量再次达到小高峰,锌的吸收量达到高峰。在三要素中,缺氮对产量影响最大,缺磷次之,缺钾影响最小。三要素同时缺乏时,对大蒜产量的影响则会更大。

大蒜对几种营养元素的吸收及生理作用分述如下。

(一)大蒜对氮素的吸收

大蒜出苗后就开始吸收氮素营养。苗期每 667 平方米吸收量约 5.8 千克,约占全量的 30%;蒜薹伸长期每 667 平方米吸收量约 7.4 千克,约占全量的 38%;蒜头膨大期每 667 平方米吸收量约 6.0 千克,约占全量的 30.7%。在大蒜的生长发育过程中,氮素供应充足,植株生长速度加快,营养体大,叶片浓绿而厚实,氮素不足,植株生长缓慢,瘦弱,叶小而黄。如果苗期缺氮,表现植株生长缓慢,叶片狭长,叶色淡绿;中后期缺氮,除全株褪绿外,特别明显的特征是下部易出现黄叶,严重时叶片容易干枯。因此在生产上,应注意增施氮肥。

(二)大蒜对磷的吸收

大蒜对磷的需要量虽比氮少,但磷对促进根系发育,对蒜薹、蒜瓣的分化、生长都是不可缺少的。苗期对磷的吸收量每 667 平方米约为 0.855 千克,约占总吸收量的 17.1%;蒜薹伸长期吸收量最高,每 667 平方米吸收量约 3.095 千克,约占总吸收量的 62%;蒜头膨大期每 667 平方米吸收量约 1.1 千克,约占总吸收量的 21%。

(三)大蒜对钾的吸收

大蒜对钾的吸收量比较高。苗期每 667 平方米吸收量为 4.883 千克,约占总吸收量的 21.2%;蒜薹伸长期每 667 平方米吸收量约为 12.25 千克,约占总吸收量的 53.18%;蒜头膨大期吸收量减少,每 667 平方米约吸收 5.889 千克,约占总吸收量的 25.57%。钾是大蒜吸收的主要营养元素之一,它和氮素一样,在大蒜整个生长发育过程中吸收量较多,植株体内的含量也较高,对大蒜的生长发育起着重要的作用,尤其是对大蒜体内糖的含量和大蒜的品质有着直接关系。所以在生产上应十分重视钾肥的使用,保证大蒜对钾素的需要。

(四)钙对大蒜的生理作用

钙施在酸性土壤上可降低土壤酸度。大蒜在生育过程中缺钙,植株叶片上会出现坏死斑,随着坏死斑的增大,叶片下弯,叶尖很快死亡,根系生长受到很大抑制。增施钙肥,可提高蒜头产量。

（五）镁对大蒜的生理作用

镁是叶绿素的组成成分。大蒜缺镁会引起叶片褪绿,症状是先在老叶片基部表现,逐渐向叶尖发展,叶片最终变黄死亡。大蒜缺镁的症状一般表现较晚,植株生长缓慢,播种后30天左右,植株才出现6～7片叶。增施镁肥可使蒜头产量迅速增加,并可促进氮、磷、钾元素的吸收。但对钙的吸收有一定的影响,随着镁浓度的提高,钙的吸收会减少。然而钙对镁的吸收几乎没有影响。

（六）硫对大蒜的生理作用

硫是大蒜品质的构成元素。适当施用硫肥,可以增强大蒜风味,并有使蒜头增重、蒜薹增长的作用。试验结果表明,施用硫酸铜和硫酸钾可以降低畸形薹和裂球率(因二次生长引起的蒜头开裂),提高蒜头的商品性。在生产上常以尿素配合硫酸铜作硫源施用,效果较好。

四、大蒜的施肥技术

根据大蒜的生长发育和需肥吸肥特点,大蒜施肥应坚持"有机肥为主,化肥为辅;基肥为主,追肥为辅;粗肥细施,化肥巧施"的施肥原则,以最大限度地满足大蒜在生长发育过程中对营养元素的需要。大蒜施肥一般分基肥和追肥两种。

（一）基　肥

由于大蒜根系分布较浅,根毛少,吸肥能力弱,因此对基肥的数量要求较多,质量要求较高。基肥要以有机肥为主。有机肥料通常是指圈肥、人粪尿、鸡鸭粪、厩肥、堆肥、饼肥等,这些肥料养分全面,含量高,肥效长,作用大。基肥的施用量是否充足,直接关系到大蒜蒜头的商品性和植株的越冬性能,因此在生产上应尽量施足基肥。

　　基肥的施用量应根据大蒜的目标产量和单位面积产量的需肥量等多种因素综合考虑确定。一般在 667 平方米产蒜头 1 500 千克左右时,要求施用猪圈肥 2 500～3 000 千克,或厩肥 4 500～5 000 千克,或人粪尿 500～750 千克。有条件的可施用棉籽饼等饼肥 50～100 千克。也可用苜蓿等绿肥作物压青、鲜草沤造等作基肥施用。配合有机肥作基肥施用的化肥通常有过磷酸钙、氮磷复合肥、氮钾复合肥或三元复合肥等。在上述产量水平和施肥的基础上,一般要求每 667 平方米施用标准氮肥 75 千克左右。氮素化肥要有 2/3 作基肥施用,1/3 作追肥施用。磷、钾肥绝大部分作基肥施用。磷肥的施用量,一般每 667 平方米可施用过磷酸钙 30 千克左右。缺磷的新蒜区可施到 45 千克左右;老蒜区土壤速效磷的含量比较高,在有机肥施用量又较多时,可施用过磷酸钙 15 千克左右。磷肥作基肥施用时,无论是过磷酸钙,还是钙镁磷肥,都要与有机肥混合施用,浅耕翻入土壤耕层。钾肥的施用数量,一般每 667 平方米施用硫酸钾 30 千克左右。如果土壤速效钾含量较低,又具备施钾条件,可施到 45 千克;如果土壤速效钾含量较高,可施用 15 千克。钾肥的种类较多,目前常用的有硫酸钾、氯化钾等,均可作基肥施用。

　　基肥的施用方法,一般是将有机肥的一半在耕地前施用,均匀地撒施在田地表面,结合耕地,将肥料翻入地下;另一半在播种时,集中进行沟施,并使肥、土相混,然后播种。如以碳酸氢铵或人粪尿作基肥时,要开沟埋施,或随水浇施,施用后结合整地使肥与土壤混合均匀。磷肥施入土壤后有移动性小、固定性大的特点,如施得过浅,大部分磷会留存在地表层不下移;如施得过深,则大部会留存在耕层以下。同时又由于磷有较强的固定性,磷肥施入土壤后,与土壤接触面越大,时间越长,磷被固定的就越多。所以对磷肥的施用最好是浅施、集中施或分层施。一般可在耕地前施用一部分,另一部分在耕后撒垡头施用,或在整地后穿施在地下6～10厘米,以利幼苗吸收利用,培育壮苗,提高磷肥当季利用率。钾肥可在耕地时,随耕地随撒施,翻入地下即可。

(二)追 肥

在大蒜的幼苗期到鳞茎收获前的各个生育时期,根据其生长发育和需肥吸肥特点,分期进行施肥,即为追肥。

大蒜的追肥一般以氮肥为主,但氮、磷、钾肥及各种元素应配合施用,这有利于大蒜的正常生长发育,有利于促进养分的吸收利用和增进品质。大量试验表明,氮肥对大蒜具有显著的增产效果。在大蒜生长过程中,应注意氮肥的施用。但在目前大蒜施肥中,存有重氮肥、轻磷钾肥的现象。偏重施氮肥容易引起大蒜异常生长(如二次生长等),降低大蒜商品性,且大蒜抽薹晚,分权多。无论是以尿素还是以硫酸铵作氮素肥料施用,施用量大时,均会使大蒜地上部的鲜重和鳞茎直径、蒜头重明显增加,而蒜薹产量有明显降低的趋势,二次生长显著增加。所以对于易发生二次生长的品种,在追施氮肥时,应注意可能引起的不利影响。另据试验,氮肥的追施效果与种蒜蒜瓣大小有密切关系,种蒜蒜瓣越小,施氮增产幅度越大。如蒜蒜瓣重0.7～1.0克时,施氮的增产幅度为70.6%,种蒜蒜瓣重2.0～3.0克时,施氮的增产幅度为35.7%。因此在用小瓣蒜作种蒜时,应适当增加氮肥的施用量。

追施磷肥、钾肥可以增进氮肥的吸收利用,促进大蒜生长发育,提高蒜薹和蒜头的产量。要加强大蒜后期的追肥。大蒜后期追肥,可促进植株对氮磷钾的吸收,使吸收高峰增高,持续时间延长。大蒜后期不仅要追施氮肥,也需要追施磷、钾肥,要氮磷钾肥配合施用,其比例可按 20：10：10 施用,或施用复合肥。这对防止大蒜后期叶片早衰,促进叶片养分向鳞茎运输有利,能显著提高大蒜蒜薹和蒜头产量。

追肥时期一般可分为越冬前追肥、返青期追肥、蒜薹伸长期追肥和蒜头生长期追肥。

1. 越冬前追肥　越冬前追肥主要是促使大蒜正常发芽出苗,培育壮苗。冬前壮苗的长相是:有 5 片叶,株高 25 厘米左右,单株鲜重在 10 克左右,根系均匀,有 30 条左右。秋播大蒜播种后一般 7～9 天可以出齐苗,出苗后 1 个月左右,追 1 次催苗肥,促进幼苗迅速发根生苗,提高大蒜安全越冬性能。对幼苗前期生长较快的品种,可适当晚追施。催苗肥一般占总追肥量的 25％左右。如果土壤肥沃,基肥充足,尤其是易发生外层型二次生长的品种,催苗肥应少施、分散施或不施。大蒜进入越冬期,可追施越冬肥即腊肥。腊肥常用堆肥、土杂肥或马粪等盖施,以加厚根系的越冬保护层,提高幼苗越冬性能,确保安全越冬。同时还有利于次年早返青,快生长。

2. 返青期追肥　当春季日平均气温达到 7℃时,大蒜幼苗开始返青生长,这时要及时清除覆盖物,晒苗 2～3 天,到"春分"前后发棵生长前,追 1 次返青肥。一般每 667 平方米追施有机肥 1 000～1 500 千克,或标准氮素化肥 10～15 千克。对已施过催苗肥和越冬肥的,返青期可以不追肥,或将返青肥推迟到与催薹肥合并施用。

3. 蒜薹伸长期追肥　蒜薹伸长期追肥是指从蒜瓣开始分化,到提薹之前的追肥。这段时间也是蒜薹和蒜头生长的并进时期。在山东一般是 3 月底 4 月初,即清明前大蒜进入蒜薹和蒜瓣分化期,5月20日,即小满前后进入抽薹期。此期,大蒜营养生长和生殖生长同时进行,蒜薹的伸长和蒜头的生长前期相重叠,处于生长旺盛时期。此时全部叶片已长出,植株地上部分的生长量达到最大值,地下部分蒜头的产量已形成接近50%,根系积极向横向扩展,生长量和吸收量逐渐达到高峰。所以在这一时期要重施肥,追肥量应占总追肥量的40%左右。有条件的要增施复合化肥、钾肥,为大蒜抽薹和蒜头的膨大打好基础。

4. 蒜头生长期追肥　大蒜蒜薹采收后,根、茎、叶已基本停止生长,养分集中向蒜头转移。蒜薹采收前,蒜头的生长是以增大体积为主,蒜薹采收后,蒜头的生长是以增重为主,平均日增重1克左右,日增直径0.06厘米左右。在蒜薹采收后的8天之内,是蒜头一生中生长最快的阶段,每头蒜平均日增重可达1.4克左右,日增直径0.08厘米左右。为保根防早衰,延长叶片功能时间,促进干物质的积累和转移,在蒜头生长期应适当重施肥,要以速效氮肥为主,配合施用磷、钾肥。此次追肥数量应占总追肥量的25%~30%。

追肥的方法,一般采用条施、随水施或埋施。施用土杂肥时,可顺行开沟,撒成条状;施用化肥时,一般采用开沟撒施或穴施,施后盖土,浇水,或随水浇施,或趁雨撒施。无论采用哪种施肥方法,都要尽量减少化肥养分损失,提高化肥利用率。苗期追肥时,追肥后,要注意加强中耕除草,保持土壤疏松和墒情,以加快根系对养分的吸收利用。

(三)叶面施肥

叶面施肥可使营养物质从叶部进入植株体内,直接参与植物的新陈代谢过程和有机物的合成过程,其效果比土壤施肥反应更迅速,是一项经济合理的施肥技术。研究证明,大蒜施用蒜壮素后,蒜苗的根、茎、叶各部位酶的活性可提高15%～31%,增产12%～14%。叶面喷施蒜壮素,要用清水稀释300倍,每次每667平方米用原液125～150克左右,加水50升。喷施时期可在大蒜生长期(3月份)、蒜薹分化期、鳞茎生长期、蒜薹采收后2～3天各喷1次。喷施时,叶子正反面都要喷上,最好在下午4时后喷施,喷施时天气要晴朗。如喷施后,在24小时内遇雨,则要重喷。

五、蒜苗的施肥技术

蒜苗栽培是以采收幼苗为目的,所经历的生育时期主要是幼苗期,一年当中可以多茬栽培。大蒜在休眠期结束后,在适宜的环境条件下,利用自身贮藏的营养物质,生根,长叶,所长出的假茎及叶片即为蒜苗。在有光条件下生长的,叶片绿色,称为青蒜苗。在无光条件下生长的,叶片黄色,称为黄蒜苗。蒜苗品质鲜嫩,风味辛香,被视为蔬菜佳品。

蒜苗栽培生育期短,需肥较少。但植株种植密度大,单位面积的吸收量相对较多。同时蒜苗栽培多用较小的蒜瓣作种蒜,每瓣提供的营养较少,故土壤需肥较多。加之食用部分是假茎(即叶鞘部分,又称蒜白)和幼嫩的叶片,要求蒜苗柔嫩多汁,味道鲜美。因此蒜苗栽培的追肥是不可忽视的。

蒜苗栽培的施肥,一是要施足基肥,二是不要蹲苗,要一促到底。基肥可结合整地,每667平方米施用腐熟的圈肥4 000～5 000千克,或人畜粪2 500～3 000千克,过磷酸钙50千克。追肥一般追施2～3次,以速效肥为宜,并以氮素化肥为主。第一次追肥,一般在幼苗出齐后进行,每667平方米施腐熟人粪尿1 000～1 500千克,或尿素10～15千克。第二次追肥可在收获前15天左右进行,施用量可与第一次相同。如收获较晚时,可在两次追肥之间加1次追肥,追肥数量一般每667平方米追施尿素15千克左右。早春后收获的,要结合浇返青水,追施返青肥,以加速返青,提高蒜苗的品质和产量。

温室栽培蒜苗,要配制肥沃的营养土。追肥主要是通过叶面进行根外追肥。在苗高5厘米以后,要每平方米浇施20克尿素水,以后每隔7天喷施1次300倍的二铵水溶液,每次叶面喷施后,要用清水冲洗叶面,以免发生肥害。

第三章 圆葱施肥技术

圆葱又称洋葱、葱头,属百合科,葱属,为二年生草本植物。原产于中亚和地中海沿岸,栽培历史达5 000年以上。近百年传入我国,现全国各地均有栽培,而且栽培面积不断扩大,已是我国主要的夏菜之一。中国、印度、美国、日本是世界上圆葱产量较多的国家。

圆葱质地细密,既可生食,又可熟食,而且营养丰富,含有较多的蛋白质、糖类、维生素,以及磷、铁、硫等多种无机盐。据国家卫生部卫生研究院的食物成分分析,其结果为:每千克圆葱含铁14.4毫克,钙320毫克,磷400毫克,蛋白质14.4克,糖类64克,粗纤维8.8克及多种维生素。热量1.31兆焦。圆葱的鳞茎和叶下表皮及其他组织中,还含有蒜素,具有特殊的香味,有增进食欲、开胃消食的功效,也是解腥调味的佳品。在医疗上,有杀菌、通乳、利尿及治疗便秘等作用。圆葱不但产量高,而且耐贮运,适应性强,供应周期长,对调节市场需求、保持周年供应具有重要意义。同时圆葱还是食品工业的重要原料和出口创汇的重要商品蔬菜之一。

圆葱栽培常用的品种,按其鳞茎外皮颜色,可分为红皮圆葱、黄皮圆葱和白皮圆葱三大类型。栽培最多的是红皮和黄皮品种。白皮圆葱品质好,但产量低,一般只适于作脱水加工蔬菜的原料及罐头食品的配料,所以栽培面积很少。红皮圆葱的品种有:山东淄博红皮、济宁红皮、蓬莱红皮,郑州红皮,上海红皮,北京紫皮,西安红皮等。黄皮圆葱的品种有:天津莛茇扁,北京黄皮,济南黄皮,东北黄玉葱,熊岳圆葱等。目前现有的圆葱品种,以熊岳圆葱的耐贮性最好。

一、圆葱的生物学特性

(一)圆葱的根

圆葱的根为弦线状须根,着生在短缩茎盘的底部,胚根入土后不久便萎缩,因而没有主根,没有根毛,根系较弱,入土较浅,主要根系集中分布在 20 厘米左右的表土层中,故耐旱性较弱,吸肥能力较差。根系生长的地下部温度较地上部低,土壤 10 厘米地温 5℃时,根系即可开始生长;10~15℃时,为最适宜生长的温度;24~25℃时,根系生长缓慢。根系的扩展,在温暖地区,秋栽圆葱的根系,在 1~2 月份生长缓慢,从 3 月下旬开始根部的生长比较活跃,4 月份达到高峰,5 月下旬根系生长开始衰退,后期生长速度减慢,到收获前趋于停滞状态。圆葱根系的生长与地上部的生长具有一定的相关性,根系的强弱直接影响茎叶的生长和鳞茎的膨大。在叶部进入旺盛生长之前,根系已进入发根盛期,因此在生产上要正确处理促根与壮棵的关系。

(二)圆葱的茎

圆葱的茎在营养生长时期,短缩成扁锥形的茎盘。茎盘下部称为盘踵,茎盘上部环生圆筒形的叶鞘和芽,下面着生须根。成熟鳞茎的盘踵组织干缩硬化，能阻止水分进入鳞茎。因此，盘踵可控制根的过早生长和鳞茎过早萌发。在生殖生长时期，植株经受低温和长日照后，生长锥开始花芽分化，抽生花薹。花薹圆筒状，中空，中部膨大，有蜡粉，顶端形成花序，能开花结实。顶生型圆葱由花器退化，在总苞中形成气生鳞茎。

(三)圆葱的叶和芽

圆葱的叶由叶身和叶鞘组成。叶身筒状，中空，表面具有蜡粉，抗旱性能强。管状叶腹凹陷，叶身稍弯曲。叶鞘圆筒状，相互抱合成假茎。生育初期叶鞘基部不膨大，假茎粗细上下相仿。生育后期，叶鞘基部随着营养的积累而逐渐肥厚，形成开放性肉质鳞片。鳞茎成熟前，最外面1～3层叶鞘基部所贮养分向内转移，并干缩变成膜质鳞片，以保护内层鳞片，减少蒸腾，使圆葱得以长期贮存。

叶身是圆葱的同化器官。叶身数目的多少和叶面积的大小，直接关系到圆葱的产量和品质。叶片数目和叶面积，主要取决于抽薹与否和幼苗生长期的长短以及栽培技术。先期抽薹，或播种过晚，则会缩短幼苗生长期，使叶片数目减少，叶面积缩小，而降低产量。叶鞘是圆葱营养物质的贮藏器官，叶鞘的数量和厚薄，直接影响鳞茎的大小。因此，要提高圆葱产量和品质，在生产中必须首先创造适宜圆葱叶片生长的良好环境条件。

圆葱的芽在开放性肉质鳞片的里面，每个鳞茎中幼芽的数量不变，一般为2～5个。每个侧芽包括数片尚未伸展成叶片的闭合鳞片和生长锥。侧芽数量越多，鳞茎越肥大。

二、圆葱对环境条件的要求

(一)圆葱对温度条件的要求

圆葱对温度适应性强,有效生长温度为 7～25℃,最适宜生长的温度为 13～22℃。圆葱不同的生育阶段对温度的要求和对温度的适应性,有明显差别。种子和鳞茎可在 3～5℃低温下缓慢萌发,种子发芽和幼苗生长的适宜温度为 13～20℃。幼苗期对温度的适应性最强,叶片能耐 0℃低温,根茎和幼芽能耐—5℃左右的冻土低温。5 叶以上的幼苗,需要 0℃以上、7℃以下的低温通过春化阶段。圆葱发棵生长适宜的温度为 17～22℃。温度较低时生长速度慢,温度偏高时,根、叶发育不良,会提早结束发棵生长。圆葱鳞茎膨大期需要较高的温度,适宜温度为 20～26℃,15～24℃开始膨大,21～27℃生长最好,15℃以下不能膨大,温度超过 27℃,鳞茎膨大受阻,全株早衰。处在休眠期的成熟鳞茎,对温度的适应范围较广,在 5～35℃的温度范围内,生理机能不受伤害,但低温条件可减少养分的消耗。圆葱种株抽薹期,适宜温度为 15～20℃,种子发育期适宜温度为 20～25℃。温度偏低时,种子成熟期延迟。

(二)圆葱对光照条件的要求

圆葱对日照长短的要求比较严格。圆葱通过春化过程以后,需在长日照和 15～20℃的温度条件下,才能抽薹开花。较长的日照也是鳞茎形成的主要条件,在短日照条件下,即使具备较高的温度条件,鳞茎也不能形成。相反,延长日照时间,便能加速鳞茎的发育和成熟。鳞茎形成对日照时数的要求因品种而异。在 13 小时以下的较短日照条件下形成鳞茎的,为短日照型品种;在 15 小时以上较长日照条件下形成鳞茎的,为长日照型品种;鳞茎形成对日照时间要求不甚严格的,为中间型品种。我国北方多为长日照型晚熟品种,南方多为短日照型早熟品种。因此,在引种时应考虑品种特性是否符合本地的日照条件,否则将会造成减产损失。

(三)圆葱对水分条件的要求

圆葱根系小,在土壤中分布浅,吸水能力弱,要求较高的土壤湿度。发芽期土壤水分充足,有利于发芽出苗。幼苗期和越冬前,要控制水分,要求土壤见干见湿,促进根、叶协调生长,防止幼苗徒长和遭受冻害。在幼苗生长盛期和鳞茎膨大期,均需充足的土壤水分,但不能过湿。抽薹期要控制土壤水分。开花期和种子成熟期,需要充足的土壤水分。在收获前7～15天,要控制水分,使鳞茎组织充实,加速成熟,防止鳞茎开裂,以提高产品品质和耐贮性。

圆葱叶身耐旱,适宜的空气相对湿度为60%～70%。空气湿度过高,容易发生病害。鳞茎为耐旱性器官,贮藏在干燥的条件下,仍可保持其水分,维持幼芽的生命活动。

(四)圆葱对土壤条件的要求

圆葱属浅根性、吸收能力弱的作物,在富含有机质、肥沃疏松、通气性好的中性土壤中生长良好,产量高,品质佳。粘土地,土质粘重,不利于发根和鳞茎膨大。沙土地,沙性强,保水、保肥能力差,产量低。盐碱地,碱性大,幼苗对盐碱反应敏感,容易引起黄叶和死苗。适宜的土壤pH值为6～8,若pH值为4～6时,则会减产或无收成。

圆葱忌重茬。秋栽最好以茄果、豆类、瓜类蔬菜和早秋菜为前茬作物。春栽多利用冬闲地。圆葱的后作作物主要是秋黄瓜、秋架豆、秋马铃薯等早秋蔬菜。圆葱植株低矮,管状叶直立,适宜于和其他蔬菜间作套种,如与大架番茄、冬瓜等隔畦间作，也可在圆葱畦埂上套种蚕豆、早熟茎蓝、早熟洋白菜、莴笋等蔬菜。

圆葱种子较小，种皮坚硬，吸水能力弱，种子内贮藏的营养物质少，发芽时子叶不容易出土，幼苗生长缓慢，占地时间长。因此，在种植圆葱时，要采用育苗移栽的办法，其优点是节约用种，苗期占地少，便于管理和培育壮苗，移栽时，可以选苗，栽植密度均匀，生长整齐，成熟一致，产量高。对育苗地要选择疏松、肥沃，保水保肥能力强的中性土壤。育苗一般在秋季进行，当年苗定植田间，或以幼苗贮藏越冬，第二年春季定植，夏季收获。在幼苗移栽定植前，前茬作物收获后，要进行土壤耕翻，细耙，施足基肥，然后做畦，整平畦面，进行移栽定植。

三、圆葱的需肥吸肥特点

（一）圆葱的需肥特点

圆葱从种子播种到收获鳞茎为营养生长期。圆葱通过生理休眠，再满足鳞茎对低温和长日照条件的要求后，即形成花芽，开花结籽，为生殖生长阶段。圆葱从种子播种到采收种子，要经过 2～3 年，整个生育过程中的需肥动态是随着生长量的增加需肥量也同步增加。生长量小时，需肥量也少，生长量大时，需肥量也大。

圆葱从种子萌动露出胚根到出现第一片真叶时，为发芽出土期。此期由于幼芽和胚根的生长主要依靠胚乳所贮藏的营养，所以很少利用土壤中的营养。因此，在栽培上要足墒播种，施足基肥，为种子发芽创造疏松、湿润的土壤条件，促进种子早发芽，幼苗快生长。

从第一片真叶出现到发生 3～4 片真叶，苗高 20 厘米左右，假茎粗 0.6～0.9 厘米时，为幼苗期。此期，幼苗生长缓慢，特别是出苗后 1 个月内,幼苗生长量小,水分、养分消耗量也少。因此,在栽培上,一般要适当控制水分和施肥,以培育壮苗。幼苗生长后期,生长量逐渐增大,需肥量也相应增加。

幼苗定植后,经过缓苗,陆续生根长叶,到植株保持 8~9 片功能叶、叶鞘基部缓慢增厚、鳞茎开始膨大时,为叶片生长期。此期,虽然幼苗陆续长根发叶,但幼苗生长缓慢,生长量较少,需肥量也较少。幼苗返青后,生长量加大,需肥量也增加,特别是根系优先生长,随着根系生长量和生长速度的加快,需肥量和吸肥强度迅速增大,继发根盛期之后,进入发棵期,需肥量急剧增加,吸肥强度也达到高峰。

从鳞茎开始膨大,到最外面的 1~3 层鳞片的养分向叶鞘基部和幼芽转移贮藏,而自行变薄、干缩成膜状,为鳞茎膨大期。此期是处在高温、长日照季节,叶片生长受到抑制,相对生长率和吸肥强度下降,但生长量和需肥量仍缓慢上升。随着叶片的进一步衰老,根系也加速死亡,需肥量减少,鳞茎的膨大主要由叶片和叶鞘中贮藏的营养转移供应。

(二)圆葱对营养元素的吸收及生理作用

圆葱对营养元素的吸收量以钾最多,氮、磷、钙次之。在贮藏养分的鳞茎中,营养元素含量的顺序是钾>氮>磷>钙。大量试验资料表明,平均每生产 1 000 千克圆葱,需从土壤中吸收氮 1.98 千克,磷 0.75 千克,钾 2.66 千克,其比例为 2.6:1:3.5。氮的吸收量尽管少于钾,但氮对生长发育的影响最大;磷的吸收量虽然少,但磷对生长发育的影响仅次于氮。下面简要介绍一下主要营养元素对圆葱生长的生理作用。

1. 氮素 氮对圆葱叶片的生长、鳞茎的膨大和产量的提高均有极大影响。圆葱在整个生长期间,吸收氮素较多,氮素不足,圆葱生长会受到抑制,外叶黄化、枯死,先期抽薹率高,鳞茎膨大不良;但氮素过多,圆葱生长发育也会受到抑制,外叶尖端枯死,植株易感病害,鳞茎易腐烂,贮藏性能下降。

2. 磷素　磷可以提高圆葱叶片的保水性能,增强光合作用强度,增加维生素 C 的含量,增强植株过氧化酶的活性,提高鳞茎产量和品质。圆葱根系对磷的吸收性较弱,在缺磷的土壤上,会降低产量。苗期磷肥充足,有利于根系生长,并能增加根部比重,提高发根能力,减少移栽定植时伤根。磷肥不足时,根和叶的生长发育均不良,最终鳞茎膨大也不好。生育初期,一旦缺磷,对生育的不良影响是以后施磷无法弥补的。但磷肥过多,也容易引起鳞茎的病害。

3. 钾素　钾是圆葱吸收量最多的元素,而且从老叶向新叶的转移性强。钾对圆葱养分的运转和促进鳞茎膨大等都有积极的影响。在营养生长期,钾的影响相对较小,但在鳞茎膨大期钾素缺乏对鳞茎膨大有显著的不良影响。缺钾植株外叶从先端干枯,叶片最初变为灰色,以后变为淡黄色而枯死。缺钾植株不仅会降低产量,而且易感病,鳞茎不耐贮藏。

4. 钙　钙在圆葱的营养吸收中超过磷。钙在圆葱体内移动性差,不足时,根和茎的生长点坏死,伴随着碳水化合物的不足,鳞茎形成不良,品质下降,耐贮藏性差。缺钙还会影响磷肥的肥效。

5. 硫　硫是维生素 B 及硫化丙烯基的成分,多施硫对提高圆葱的品质及风味有着重要意义。硫不足时,叶变黄,生育不良。

6. 镁　镁是叶绿素的成分,缺镁时,叶失绿黄化。在干燥、多氮、多钾的土壤中,钙和镁的吸收受阻,土壤湿度大,也会影响镁的吸收。

7. 微量元素　圆葱对微量元素的需要量虽少,但对圆葱的生长发育影响却很大。锰不足时,植株容易倒伏,产量降低;铜不足时,叶鞘变薄,鳞茎外保护叶叶色变淡。但锰和铜元素吸收过多,也会显著抑制发育而成为肥害。硼不足时,叶发育受阻,鳞茎不紧密,而且容易发生心腐病。在多氮、多钾的情况下,硼的肥效提高。土壤干燥时,硼吸收不良。据试验,圆葱对硼的吸收量远远少于大蒜,但叶片中的硼含量又远远高于鳞茎。与大蒜相比,圆葱不易因硼过多而使鳞茎产量明显降低。

试验表明,圆葱的吸肥量远远低于施肥量。氮的吸收量约为施肥量的 25%;磷的吸收量为施磷量的 10%~20%;钾的吸收量与施钾量基本接近;钙的吸收量仅为施钙量的 5%~10%。因此,在生产上的施肥量,一般要大于推荐施肥量。

四、圆葱的施肥技术

圆葱生育期长,又是喜肥作物,总的施肥原则是:分期、分次施肥,各种营养元素平衡供应。圆葱施肥可分为基肥和追肥,一般不施用种肥。在幼苗期有时也进行根外追肥。

(一)基 肥

1. 苗床基肥 在苗床整地时,每 667 平方米应施用有机肥 2 000~3 000 千克,作为苗床基肥。施用前将田间表土与有机肥分别晾干、打碎、过筛,然后混合均匀,再填入苗床。苗床施用氮肥或磷肥对幼苗生长及以后鳞茎发育均有明显的促进作用。施用钾肥影响不大,氮肥与磷肥,或氮肥与钾肥配合施用对圆葱的促进作用明显,三者配合施用效果更显著。一般在育苗播种前 10 天,每 667 平方米施用氮 6.7 千克,磷 14.7 千克,钾 4.7 千克,要与床土充分混合。苗床土增加磷肥施用量,可增加大苗比例,小苗及残苗比例下降,提高幼苗质量。

2. 大田基肥 每 667 平方米施用腐熟的有机肥 3 000 千

克左右。氮肥、钾肥易于吸收,也易于淋失。可将氮肥用量的1/3作基肥使用,其余2/3在各生育期分次追施;钾肥可全部作基肥施用。磷肥分解慢,难吸收。可将磷肥施用量的2/3作基肥施用,其余1/3可在第一次追肥时施用。氮肥作基肥时,可结合土壤耕翻时撒在犁沟内,或用水稀释后施入犁沟内,并立即翻压盖土。试验证明,将氮肥直接施入土壤中,可大大减少氮肥的挥发、淋溶损失,肥料利用率可比表面施用提高10%~30%,并且供肥平稳、均衡,后劲大,有利于提高根系的吸收能力,增产效果显著,增产率为10%~20%。磷肥要分层施用,浅层施在5~7厘米处,耕翻后将磷肥均匀撒在耕翻的垡头上,耙耢后磷肥即可均匀地分布在浅层上;深层施在10~20厘米,可在耕翻地前,将磷肥均匀地撒在地表面上,耕翻时,将肥翻入深层。磷肥分层施用,供磷均匀。浅层施可供苗期吸收利用,深层施可供中、后期吸收利用。钾肥可与有机肥混合,作基肥施用。钙、硫、镁、锰、铜、硼等微量元素作基肥施用时,可与细干土或有机肥混合均匀,撒施在地表面,耕翻地时,翻入犁底作基肥。

(二)追 肥

圆葱追肥分育苗期追肥和移栽定植后追肥。育苗期追肥多施用速效性肥料,大田追肥可施用速效性或迟效性肥料,移栽定植后未进入旺盛生长以前,可追施厩肥或堆肥。尤其是秋栽圆葱,越冬前常施用有机肥如马粪等,增加圆葱的覆盖保护,提高其越冬能力。圆葱追肥要以氮肥为主,配合施用适量的磷肥和钾肥以及钙、镁、硫和各种微量元素。常用的化肥有:硫酸铵、尿素、过磷酸钙、硫酸钾、磷酸二氢钾、硫酸铜、硫酸锰、硼砂等。有机肥有墙土、炕土、厩肥、堆肥、饼肥等。

1. **圆葱育苗期追肥** 圆葱育苗期管理的主要任务是培

育壮苗,既要防止秧苗过大而导致先期抽薹,又要避免幼苗徒长或生长过分细弱。壮苗的标准是:冬前具有 3～5 片叶,12～15 厘米高,茎粗直径约 0.5 厘米。若基肥充足,育苗期间可不施追肥。若幼苗黄瘦,可结合浇水,每 667 平方米追施氮素化肥 3～5 千克。在定植前 20 天左右,若幼苗生长不良,可再轻追 1 次肥。

2. 圆葱移栽定植后的追肥　圆葱移栽定植后进行分期适量追肥,能促使植株生长健壮,提高产量。秋栽圆葱,移栽定植后,要立即浇 1 次缓苗水,促进根系恢复生长,迅速缓苗,以利于安全越冬。在“小雪”后土壤封冻前,浇 1 次越冬保苗水,浇水后 3～5 天,在地表面铺盖 1 层捣细的土杂肥,每 667 平方米施 3 000～4 000 千克。也可盖 1 层麦穰或炉灰土,以保墒保温,防止幼苗受冻,使幼苗安全越冬。第二年“惊蛰”以后,幼苗进入返青期,结合浇返青水,巧追催苗肥,促使叶片生长。要以追施速效性氮肥和腐熟的人粪尿为主,适当增施草木灰。每 667 平方米追施厩肥或混合肥 1 000 千克左右,硫酸铵 10～15 千克。若基肥施磷、钾数量不足,可加施过磷酸钙 25 千克左右,硫酸钾 8～10 千克,或草木灰 50 千克。圆葱返青后,随着气温的逐渐升高,植株进入叶部旺盛生长期,鳞茎也开始膨大,需肥量增加,可进行第二次追肥,即追施“发棵肥”。发棵肥可追施人粪尿 1 000～1 500 千克,或硫酸铵 10～15 千克。追肥后要及时浇水。鳞茎膨大期,叶片和鳞茎都处在旺盛生长时期,需肥量大,是追肥的关键时期,要追施“催头肥”。此期追肥对圆葱获得高产极为重要。可进行两次追肥,一次在“小满”前后,每 667 平方米追施硫酸铵 20 千克左右,并配合施入适量的钾肥。鳞茎膨大盛期可根据土壤肥力和圆葱生长需要,进入第二次追肥,即“补充追肥”,每 667 平方米追施硫酸铵 10 千克左右,保持鳞茎持续肥大。但施肥量不宜过多,尤其是施肥期偏晚时,施肥过多,会引起贪青晚熟,若遇到气候冷凉,会因其内部的生长,而导致鳞茎变形。

　　圆葱生长期较长,在施肥中应根据土壤状况,注意不同时期施肥量的分配。对保水保肥力差的沙质土壤,施肥应多次少量;对保水保肥力强的土壤,肥料可适当集中施用。在施肥数量相同的情况下,氮肥施用时期会影响鳞茎的成熟期。在播种前施用氮肥,成熟期最早;播种前和播种后各施一半氮肥,成熟期次之;播种后施用氮肥,其成熟期最晚。圆葱的追肥次数和时间,因不同土壤、不同地区和不同季节应有所区别,但发棵肥、催头肥是不可缺少的。若两次追肥,以定植后30天和50天追施的增产效果最大。若一次追肥,宜在定植后30天或50天施用,追肥过晚,将会降低施肥效果。不同种类肥料的适宜施用时期也完全不同,氮肥和钾肥适宜的施用时期,一般在鳞茎膨大初期。缺氮时,对圆葱叶部干物质积累有显著影响,缺氮时期越早,时间越长,对干物质积累的影响就越大。施用氮肥能使干物质积累增加,施用时期越早,持续时间越长,干物质积累就越多。磷肥吸收慢,肥效长,不但苗期施用有很好的肥效,而且在定植后多施,也有利于产量的提高。但磷肥应尽量早期施用。

　　圆葱的追肥,一般采用沟施,也可随水施。在圆葱生育前期,当植株还小时,化肥可顺行开沟埋施,或结合浇水,顺行撒施;堆肥或厩肥等农家肥,可顺行撒施。生育后期,植株生长繁茂,为了减少田间作业伤害植株和叶片,化肥可顺水施用。

　　圆葱施肥要注意与其他技术措施相配合。在定植初期,施肥后,要与中耕相结合,以促进根系的生长发育和营养的吸收;后期施肥应注意及时浇水,以提高肥效,减少肥料损失。

第四章 韭菜施肥技术

韭菜原产于我国,是我国的特产蔬菜。具多年生宿根性,抗热耐寒,适应性强,在我国南北各地均有栽培,在北方各地栽培更为普遍,是我国生产范围最广泛的香辛叶菜类蔬菜之一。在长期生产实践中,各地根据不同气候特点和食用习惯,培植和选育出了许多优良类型和品种。按其食用器官分,可分为根韭、叶韭、花韭和叶、花兼用韭4个类型。根韭是以弦线状根系为主要食用器官,叶片生长繁茂,生殖器官不发达,很少形成种子,以分枝来繁殖。其弦线状根系为营养物质的贮藏器官,粗壮并肉质化,风味鲜美。叶韭,叶片宽而柔嫩,分蘖性弱,抽薹少,以食叶为主。花韭,叶片短小,质地粗硬,分蘖性强,抽薹较多,以采食花薹为主。叶花兼用韭,叶和花薹发育良好,均可食用,是目前栽培最普遍的一种类型。按其叶片宽窄,可分为宽叶韭和窄叶韭两种类型。也有介于两者之间的中间类型。宽叶韭,叶片宽厚,叶长30~50厘米,叶片色泽较浅,纤维少,品质柔软,产量较高,香味较淡,植株耐寒性强,但易倒伏,适于保护地和露地栽培。窄叶韭,叶片狭长,末端细尖,叶片长30~60厘米,叶色深绿,纤维较多,香味较浓。叶鞘细高,直立性强,不易倒伏。既耐寒又抗热,特别是对夏季阴雨天气适应性较强,适于露地栽培。通过近几年的栽培,在生产中表现较好的品种有:汉中冬韭,山东大金钩韭,寿光独根红韭,河南791韭,杭州雪韭,四川大义犀蒲韭等。韭菜的食用部分是柔嫩的叶片、叶鞘,韭薹和韭花也可食用。韭菜营养丰富,含有多种维生素及钙、磷、铁等无机盐,粗纤维、蛋白质含量也较多。

韭菜风味芳香，不仅适于炒食、作馅和调味，而且还有很好的医疗作用。在适宜的生长条件下，能连续多年生长。根据收割季节的不同，可分为露地栽培、秋延迟栽培、冬季保护地栽培和春季早熟栽培，各种不同栽培方式的综合应用，可使韭菜均衡上市，周年供应。

一、韭菜的生物学特性

(一)韭菜的根

韭菜的根为弦线状须根系，根系发达，3年生韭菜根系可垂直分布50厘米左右，水平分布30厘米。在栽培中根系大部分分布在20～30厘米的土层中。韭菜分根性强，一般每株有根系10～20条，有15条根以上就具有分蘖能力。分蘖是韭菜营养器官更新复壮的过程，植株分蘖能力强弱，与品种、植株年龄、营养状况、气温高低、施肥水平、繁殖方法有关，其中营养状况是影响分蘖的主要因素。韭菜的有效分蘖和健壮生长是决定韭菜产量和寿命的主要因素。韭菜根系寿命较长，不但具有吸收功能，而且还有一定的贮藏功能。韭菜在生育期间，具有新老根系更替、根系逐年上移的特点。

(二)韭菜的茎

韭菜的茎分为营养茎和花茎(即花薹)。1～2年生韭菜的茎短缩呈盘状，随着植株年龄的增加和逐年分蘖，营养茎不断向地表延伸，形成根状的杈状分枝，故称根茎。根茎的上移会引起韭菜"跳根"。跳根使韭菜的吸收能力受到限制，影响韭菜的生长，在生产上要及时压粪、盖沙土，以保护根系的正常生长。韭菜根茎的生活年限一般为2～3年，随着株龄的增加，老龄根茎逐渐解体、腐烂而丧失生理机能。韭菜在生殖生长阶段，顶芽发育成花芽，抽生花薹，花薹顶端着生伞形花序，而后,只要满足低温和长日照条件,每年均可抽薹开花,形成种子。

(三)韭菜的叶

叶是韭菜的同化器官,也是主要的产品器官。韭菜的叶为簇生状,由叶身、叶鞘两部分组成。叶鞘高10厘米左右,基部着生在盘状茎的顶端,由多层叶鞘互相抱合,成为茎状,称为假茎。叶鞘的长短不仅取决于品种,而且与栽培技术也有关系,培土可使叶鞘伸长。1株韭菜叶片数量的多少是不同的,在种植密度较大时,一般3~5片叶,4片叶后易倒伏。在种植密度较稀时,一般5~9片叶。环境适宜时,7天可长出1片叶;天气较干旱时,能生长出较多的叶片;阴雨潮湿天气,老叶片易腐烂脱落。叶片的宽度,因品种而异,宽的可超过1厘米,窄的在0.5厘米左右。叶的颜色有深绿和浅绿。叶片的颜色和纤维的多少,除与品种有关外,与光照条件也有关系,光照充足,叶绿素充分形成,叶片深绿,纤维多。光照不足时,能形成叶黄素,叶片色发黄,叶身维管束木质部不发达,叶间组织中纤维少,品质柔嫩。利用这一特点,在生产上可采取遮光、培土、盖粪等措施生产黄韭。

(四)韭菜的花

韭菜的花着生在花茎顶端,开放前由总苞包裹着,花苞开裂后,小花各自散开成伞形花序,每个总苞有小花20~50朵。小花为两性花,有花被6片,披针形,灰白色或浅粉红色。雄蕊6片,比花被短,列为2轮,基部合生,并与花片贴生,花丝等长,花药矩圆形,向内开裂,中央有1枚雌蕊,子房3室;雌蕊柱头顶端3裂。一般雄蕊发育比雌蕊早,开花数日后,雌蕊才长到应有的高度,所以异花授粉的机会较多。

当年播种的韭菜一般不能抽薹开花,必须长到一定大小,并积累一定的营养物质,经过低温春化过程,再遇到长日照和高温条件,才能抽薹开花。我国北方韭菜多在"谷雨"前后播种,当年很少抽薹开花,到第二年5月份开始花芽分化,"大暑"至"立秋"抽薹,"立秋"至"处暑"开花,"秋分"前后种子成熟。如果春播过早,满足了韭菜抽薹开花对低温的要求,当年将有部分植株抽薹,使营养器官的生长受到严重抑制,植株长势减弱,产量降低。远距离引种,特别是南种北引,容易抽薹。如从福建省福州市引种至辽宁省营口市的大叶青韭,6月15日播种,抽薹率达40%,而同期播种的当地韭菜未见抽薹。

韭菜以嫩叶为产品,应防止过早抽薹开花。2年生以上的韭菜,除采种地块外,应在抽薹后及时采摘花薹,以减少营养消耗,保证叶片正常生长,提高产量和品质。

(五)韭菜的种子

韭菜的果实为蒴果,呈三棱状,果顶有缝合线,内部有3片膜质间隔着,成为3室,每室有两粒种子。

成熟的种子为黑色,分背部和腹部两面,凸出的一面为背部,凹陷的一面为腹部,两面均有细密的皱纹,脐部无凹陷。种子千粒重一般在4.15克左右,每克种子约230粒。

韭菜种子成熟晚,采种当年不能播种,在生产上要用上一年采收的种子。在一般的贮藏条件下,2年以上的种子,就会丧失发芽力,即使有的能发芽,由于贮藏过程中,养分已大量消耗,出苗以后也会逐渐枯死。所以韭菜播种不宜使用2年以上的陈种子。另外,种子成熟不充分,在贮藏、运输过程中,由于含水量大,易发生伤热,使种子失去发芽能力。因此,在播种前,要进行发芽试验,测定其发芽率,以确定播种量。

二、韭菜对环境条件的要求

(一)韭菜对温度条件的要求

韭菜是耐寒而又适应性广的叶菜类蔬菜,有效生长的日平均温度为7～30℃,适宜生长的温度为12～24℃。北方的韭菜品种,叶片能忍受—4～—5℃的低温,在—6～—7℃时,叶片枯萎,根茎生长点位于地下,受土壤保护,能安全越冬。南方的韭菜品种,引到北方种植,地上部表现耐寒性强,但因休眠方式不同,往往不能安全越冬。

韭菜在不同生长发育阶段对温度的要求也不同。种子和鳞茎在2～3℃时,即可发芽,12℃时发芽迅速,发芽的最适宜温度为15～18℃。幼苗期适宜温度为12℃以上,超过30℃时,叶片易枯黄,植株超过24℃时,则生长迟缓。在冷凉条件下生长的韭菜,纤维少,品质好;在高温、强光、干旱条件下,叶片纤维增多,品质变劣。

(二)韭菜对光照条件的要求

韭菜是长日照植物,从营养生长转向生殖生长,即使通过低温春化阶段,没有长日照条件也是不能实现的。

韭菜对光照强度要求并不严格,以适中的光照强度为好。光照过弱,叶子生长窄细,产量下降;光照过强,植株生长受抑制,叶肉组织粗硬,纤维增多,品质变差。所以,韭菜在发棵、养根和抽薹开花、结籽期,需要有良好的光照条件。韭菜花芽分化,需长日照诱导,短日照不能抽薹。

韭菜在冬季温室生产中,虽然光照弱,光照时间短,但是温度、湿度条件适宜,而且在休眠前地下部贮藏了较多的养分,所以仍能正常生长,并且品质较好。

(三)韭菜对水分条件的要求

韭菜的叶片是扁平狭长的带状叶,表面有蜡粉,可减少水分蒸腾,耐旱性强,但根系需水较多。所以韭菜生长过程中,要求有较低的空气湿度,较高的土壤湿度。在空气相对湿度为60%~70%、土壤含水量为80%~95%的条件下生长良好。土壤干旱,生长缓慢;水分过大,易发生沤根,病害重。

韭菜的不同生育阶段对水分的要求也不同。种子发芽时需水量大,土壤含水量达到70%以上,水分才能透过种皮的角质层,使种子吸水膨胀,发芽出土。幼苗期吸水能力弱,不能缺水。发棵阶段要保持土壤见干见湿。旺盛生长期,生长量大,需水多,要求土壤含水量保持80%~95%。此期,土壤水分充足,产量高,品质好;如干旱缺水,则产量低,品质也差。

韭菜叶片生长适宜的空气湿度为60%~70%,超过70%易发生病害,冬季温室生产韭菜时,要控制好空气湿度。

(四)韭菜对土壤条件的要求

韭菜对土壤条件要求不严格,不论是沙土、砂壤土、壤土、粘土都可栽培。韭菜虽然对土壤的适应性较强,但根据韭菜的根为弦线状须根系,主要根群分布在20厘米左右的土层和耐肥、喜肥的特点,宜选择在表土层深厚,有机质含量高,保水保肥能力强,透气性良好的壤土地为最适宜。土壤过于粘重,排水不良,遇到雨涝容易死苗,韭菜寿命缩短。沙土地,土壤疏松,保水保肥能力差,易干旱、脱肥,韭菜生长一般较瘦弱。

韭菜喜中性土壤,能耐微酸微碱,土壤酸碱度以 pH 5.5~6.5 为宜。在过酸的土壤上生长不良,对盐碱有一定的忍受能力,特别是成株耐盐碱的能力较强。据试验,韭菜在含盐量 0.25%的土壤上能正常生长。但不同生育阶段对盐碱的反应不同,幼苗期对盐碱的适应能力较差,只能适应 0.15%

的含盐量,当土壤含盐量达到 0.20% 以上时,即影响出苗。成株能在含盐量 0.20% 的土壤上正常生长,但随着含盐量的增多,出苗率递减。所以在盐碱地上栽培韭菜应首先在含盐量低或中性土壤上育苗,植株长成后,再移栽到大田,避免产生死苗现象。

韭菜耐寒耐热,适应性强,能够多年连续生长,只要生长条件适宜,全年可随时收割供应市场。韭菜一般可分为露地栽培和保护地栽培。

1. 露地栽培　一般可一次播种或移栽,连续多年收割,这不属于连作。所谓连作,是指韭菜播种或移栽的地块,前茬作物是葱蒜类蔬菜。这种种植称为连作。连作后韭菜出苗率低,生长势弱,地下害虫多,病害重,产量低。群众有"辣见辣,苗不发"的说法。因此,韭菜应忌连作重茬。露地栽培韭菜,要调换好茬口,选择土质肥沃,排灌条件良好的壤质土。要整平地面,施足基肥。为防止韭菜"跳根"现象的发生,每年要多施有机肥,盖土压沙。近年来,葱蒜类蔬菜栽培面积不断扩大,特别是在葱蒜类蔬菜集中产区,轮作倒茬难度大,在生产上难免有重茬。如遇重茬,可采取深翻土地,增施有机肥和氮、磷、钾肥,并注意施铜、锌、硼、镁、硫等,以及加强病虫害防治等措施,确保韭菜正常生长,夺取高产。

2. 保护地栽培　韭菜在保护地栽培条件下,常采用直播的方式栽培。直播的,在早春播种,第二年 1 月上旬至 4 月下旬收割;夏播的,可在 5 月份播种,第二年 5~6 月份移栽,第三年 1 月上旬至 4 月下旬收割,每年冬春可收割 3~4 次。直播的要在韭菜播种前,进行精细整地。春播的可在冬闲耕翻整地播种,播种前做畦,施足基肥,地面喷施 800~1 000 倍锌硫磷药液,或 40% 的乐果乳剂 800 倍药液,防治地蛆。施药后再浅耕,耙平,浇足底墒水,沉实畦面。当畦面表土湿度适宜时,及时划锄,搂平畦面,以备播种。育苗移栽的韭菜,育苗地要选择土壤耕层深厚,肥沃,富含有机质,地势比较高燥,能灌能排,阳光充足的地块。为移栽时便于起苗和保持根系完好,以砂质壤土地最为适宜。若土壤偏粘,冬前要进行深翻,晒垡,使土壤充分风化,疏松,以利于幼苗生长发育。

三、韭菜的需肥吸肥特点

韭菜是喜肥作物,耐肥力强,其需肥量因年龄不同而不同。当年播种的韭菜,特别是发芽期和幼苗期,需肥量少。2~4年生韭菜,生长量大,需肥较多。幼苗期虽然需肥量小,根系吸收肥料的能力较弱,但如果不施入大量充分腐熟的有机肥,很难满足其生长发育的需要。所以随着植株的生长,要及时观察叶片色泽和长势,结合浇水,进行追肥。韭菜进入收割期以后,因收割次数较多,必须及时进行追肥,补充肥料,满足韭菜正常生长的需要。在养根期间,为了增加地下部养分的积累,也需要增施肥料。

韭菜对肥料的要求,以氮肥为主,配合适量的磷钾肥料。只有氮素肥料充足,叶片才能肥厚、鲜嫩。增施磷钾肥料,可以促进细胞分裂和膨大,加速糖分的合成和运转,但施钾过多,会使纤维变粗,降低品质。施入足量的磷肥,可促进植株的生长和植株对氮的吸收,提高产品品质。增施有机肥,可以改良土壤,提高土壤的通透性,促进根系生长,改善品质。据试验,每生产5 000千克韭菜,需从土壤中吸收氮25~30千克,磷9~12千克,钾31~39千克。这个数量可作为施肥量的参考。在生产上,施肥量往往要超过实际需要量。试验表明,施肥量对产量的影响是显著的。如每667平方米施用5 000千克有机肥,比施用2500千克的可增产30.1%。由于韭菜有耐肥力强的特点,在施肥过量的情况下,基本看不到韭菜有遭受肥害的现象。但在韭菜生产上也不可盲目施肥,以免浪费肥料,增加生产成本。特别是氮肥施用量过大,还容易导致抗性下降,引起病害发生,还会造成倒伏。

韭菜不同生育期对肥料的吸收能力不同。

发芽期胚根和子叶的生长由种子的胚乳供给养分。此时幼根发育尚不完全,一般还不能吸收利用土壤中的营养。

幼苗期,由于生长量小,根系吸收肥料的能力弱,所以吸肥量也少。但是,施足有机肥,创造一个良好的土壤条件,有利于根系的发育和吸收能力的提高。

旺盛生长期以后,生长速度加快,生长量增大,吸肥量增加,应加强肥水管理。对1年生韭菜,一般只进行营养生长,2年以上的韭菜才能分化花芽,使营养生长和生殖生长交替重叠进行。满足其对营养的需要是保证叶片生长、产品鲜嫩、增产增收的重要措施。因此,除采种和采食花薹外,在栽培中要防止过早抽薹,以延长采收期。2年以上的韭菜,每年在花薹抽生以前,是主要采收季节,每经过一段时期的生长,就可采收1茬韭菜,这样生长量和吸肥量也是波浪式增加。露地栽培的韭菜,每年一般可采收5~6次,从3月中旬萌芽到6月下旬,可采收3次;8月中旬和9月中下旬可采收2次。秋季最后一次采收不宜过晚,以利于植株再长出叶片,制造充足的养分,向根茎回流。

花芽分化以后,经过一段分化发育即可抽薹开花,并且以后每年分化和抽薹1次,而新的强壮蘖芽在秋季又可抽生并迅速生长,供秋季采收。除采种和采食花薹外,如果保留花薹生长,必然要耗去大量的土壤养分,并延迟秋蘖的发生,减少秋季产量。对于兼食花薹的,应在抽薹后,及时采收花薹。一般采收花薹的季节也是炎热季节,韭菜生长量和吸收量下降。进入秋凉以后,秋季分蘖生长量加大,又出现一次吸肥高峰期。冬季天气寒冷,植株生长基本停止,根系也基本停止吸收,进入了休眠期,植株所需的营养,依靠根茎中贮藏的养分供应,维持其生命活动和恢复下年的生长。

四、韭菜的施肥技术

(一)韭菜露地栽培的施肥技术

1. **韭菜育苗的施肥技术**　韭菜育苗地选好以后,最好能在冬前深耕晒垡,早春施足基肥。基肥以充分腐熟的有机肥为主,一般每 667 平方米施 5 000 千克左右,并要浅耕,使肥、土混合均匀,整平地面,做畦。畦宽 1.5～1.8 米,畦的长度以管理方便为原则,一般畦长 7～10 米为宜。韭菜播种后 7～9 天幼苗即可出土,真叶放出后,根系逐渐增多,幼苗长出 2～3 片真叶时,可追 1 次提苗肥,每 667 平方米追施硫酸铵 15～20 千克,或尿素 10 千克,或人粪尿 1 500 千克,施肥后要及时浇水。幼苗 4～5 片叶时,可再追 1 次肥,施肥量基本同第一次。苗期每 20 天左右追 1 次肥。正常生长的韭菜,幼苗出苗后 60～70 天即可达到移栽定植的标准。

2. **韭菜移栽定植后的施肥技术**　韭菜定植在大田以前,要施足基肥,一般以人粪、猪粪、牛马粪和鸡粪为最好。这些肥料不仅含氮量高,肥效长,而且富含有机质,能改善土壤的物理性状,对韭菜根系发育极为有利。基肥用量为每 667 平方米 5 000 千克以上,施肥后要充分翻土,使肥土混合均匀后再移栽定植。移栽定植后的当年,以培养健壮的株丛、促进生成强大的根系和同化器官为主,既为越冬积累养分,又为以后的生长发育和高产稳产打好基础。在山东韭菜的移栽定植，一般在7～8月份，此时正值夏季，植株生长缓慢，应注意浇水，不需追肥。定植后15天左右，待幼苗返青后，可结合浇水，进行第一次追肥，每667平方米追施腐熟的粪干800～1 000千克，或捣碎的圈肥2 000～2 500千克，或硫酸铵10～15千克，或尿素10千克。入秋以后，植株进入旺盛生长期，分蘖力增强，要进行第二次追肥，每667平方米追施硫酸铵20～25千克，或尿素20千克。从10月上旬开始，温度逐渐下降，叶子制造的营养物质不断转化贮藏到小鳞茎和根茎里，此期最怕缺水、缺肥，应抓紧时间进行追肥，每667平方米可追施腐熟人粪水700～800千克，或硫酸铵20～25千克，要及时浇水，养根壮苗。根据市场需要，10月上旬可收割1茬，割后2～3天，新叶长出2～3厘米，追1次肥，以氮磷钾三元复合肥为好。追肥后要保持土壤表面见干见湿，以促进地下部养分积累。"立冬"以后停止追肥浇水。到韭菜苗枯萎"小雪"回根以后，土壤夜冻昼消时，可浇1次人粪尿液，以利于安全越冬。

　　韭菜移栽定植第二年春季，当土壤开始解冻，发出新芽时，要及时追施返青肥，浇返青水，每667平方米可追施稀粪水500～1 000千克。返青后，随着气温的回升，韭菜生长加快，进入春季收割期，每次收割后都应追肥1～2次，每次每667平方米可追施硫酸铵15～20千克。追肥时间应在每次收割后2～4天，待伤口愈后新叶长出时施入，以免引起病菌从伤口入侵导致病害流行。在春季收完最后一茬时，每667平方米施入大粪2 500千克，以供夏季生殖生长期利用。

　　韭菜越夏以后，进入第二个生长和吸收高峰期，此期一般可收割2茬。为了保养秋季根株，8月下旬每667平方米可追施大粪2 500千克。在"处暑"至"秋分"之间，每割一次，可追肥1~2次。"秋分"以后,气温进一步下降,可不再收割,而要为下一年养根、高产创造条件。10月中旬再追施当年最后一次肥,每667平方米追施硫酸铵15~20千克,以促进生长和吸收,并为下年生长多积累营养。韭菜在越冬前,可结合浇越冬水,采用在田间盖施马粪等措施,保护根茎安全越冬。

(二)韭菜保护地栽培的施肥技术

韭菜保护地栽培有中小拱棚、塑料大棚、日光温室和阳畦栽培等形式。韭菜保护地栽培生长期长,收获次数多,养根壮株是高产的关键。播种前要精细整地,施足基肥,每667平方米施用优质腐熟的圈肥5 000千克以上。为减少苗期韭蛆为害,保证出苗整齐,若土壤肥沃,也可不施底肥,待出苗后,进行分期追肥,供给韭菜生长需要的营养。韭菜保护地栽培,在前期与露地栽培相同,冬季地上部分枯死,养分全部转移到根茎中时,才转入保护地生产。保护地栽培韭菜的施肥量,一般要比露地栽培增加10%~20%,特别是秋末、春初应增加有机肥的施用量,以提高地温,提早收割。

用小拱棚生产韭菜是目前各地比较普遍采用的保护地栽培形式。韭菜扣上小拱棚后,要施用韭菜培养土。培养土由50%的马粪、20%的优质有机肥或大粪干、30%的细土混合而成。施用时,将畦内韭菜墩扒开,将培养土撒入韭菜墩四周。施用营养土有利于提高畦面温度,改善韭菜品质,增加韭菜产量。当韭菜长到一定高度,即可收割上市。此期的韭菜几乎无法进行充分的光合作用,生长完全依懒于贮藏的养分,所以小拱棚韭菜一般只能收割2~3茬。第一次收割后应追施1次肥料,施用量可与露地栽培的用量相同。但应注意施用肥料后要及时浇水,以防化肥分解产生氨气熏坏韭菜苗,同时还要注意防止肥害。小拱棚韭菜每次收割后都应进行追肥,以补充所消耗的养分。施肥量可参照露地栽培的施用量。待收割2~3茬后，外界气温已升高，可揭去膜，进行露地生产，其施肥完全同于露地栽培。

韭菜保护地栽培易出现土壤酸害，其表现为扣膜后第一茬韭菜生长发育正常，下茬韭菜生长缓慢而细弱，外部叶片枯黄。其预防措施是在增施有机肥的基础上，施用石灰调整土壤酸度。若扣膜后出现土壤酸害，可结合追肥施用硝酸钙溶液进行浇根，以缓解或消除酸害。

（三）留种用韭菜的施肥技术

近年来，韭菜多采用当年播种当年刨根的栽培方式，种子销量不断增加，采收种子经济效益显著提高。准备采种用的韭菜，当年播种的不能采种；5~6年的韭菜生长势弱，采种量少；3~4年生韭菜生长最旺盛，采种量最高但不要连年采种。一般第一年直播或移栽的韭菜，第二年进行收割，第三年返青后不再收割，或只收割1次，收割后加强肥水管理，每667平方米施有机肥4 000~5 000千克，施肥后浇水，促进植株苗壮生长。韭菜结籽及种子灌浆时，要保持土壤湿润，结合浇水追1次速效化肥，施肥数量以每667平方米施用硫酸铵10千克左右为宜。追肥时间不宜过晚，数量不宜过多，以免造成贪青晚熟，影响产量的提高和种子的成熟度。

第五章　番茄施肥技术

番茄，又称西红柿，原产于南美的热带地区。约在17世纪由西方国家传教士传入我国，20世纪初，在我国大城市附近开始较大面积的栽培生产。番茄适应性强，栽培范围广泛，产量高,营养价值丰富,是广大城乡人民喜爱的蔬菜之一。番茄含有丰富的可溶性糖、有机酸及钙、磷、铁等物质,尤其是富含胡萝卜素,维生素 C 以及维生素 B。

番茄在我国的栽培历史较短,但是生产发展较为迅速,目前栽培面积已居于世界前列。但单产较低,远远落后于美国、日本、加拿大等世界主要番茄生产国,而且品种单一,专用加工的品种较少。近 10 年来,主栽品种以西粉三号、毛粉 802 等一代杂交种为主。

番茄传统的栽培方式主要是露地栽培,以春夏茬栽培为主,产量低,供应时间短。随着栽培手段和技术水平的不断提高,番茄的生产方式发生了很大变化。春夏茬露地栽培面积逐年减小,秋延迟栽培、日光温室越冬茬栽培、塑料大棚早春提早栽培的面积越来越大,出现了多种栽培方式并存的局面。尤其是日光温室栽培发展较为迅速,实现了番茄的周年生产,周年供应,生产效益有了很大的提高。

番茄的加工利用也有了很大发展。番茄汁、番茄酱、番茄罐头等多种番茄加工产品的出现,相应地促进了番茄生产向多样化方向发展。

随着人们生活水平的不断提高,人们对番茄的需求也会不断增加,尤其是对番茄的品质将有更高的要求。这样,就要求科研工作者和农技人员,不断培育出高品质的品种,不断提高栽培技术水平来满足人们的需求,这也必将大大地促进番茄的生产发展。

一、番茄的生物学特性

(一)根的特性及生长发育

番茄根系发达,分布范围广而深。盛果期主根深入土中能达 1.5 米以上,根系开展幅度可达 2.5 米左右。育苗移栽时,切断主根,侧根分枝增多,横向发展加强,大部分根群分布在30~50 厘米的耕土层中。番茄的根系再生能力强,不仅主根上易发生侧根,而且在茎上也很容易发生不定根,在适宜的环境条件下,不定根伸展很快,1 个月左右就可伸长达 1 米左右。所以番茄扦插比较容易成活。生产上的压蔓、培土以及对徒长苗进行卧栽等措施都是利用这一生理特点进行的。番茄根的生长发育状况,与土壤结构、土壤肥力、土壤温度、耕作情况、品种以及栽培措施等多种因素有关。

(二)茎的特性及生长发育

番茄的茎通常为半直立性或半蔓性,直立的品种较少。茎分枝能力强,每个叶腋都可发生侧枝,以花序下第一侧枝生长最快,在不整枝的情况下,1 株番茄可以形成枝叶繁茂的株丛。分枝习性为合轴分枝,茎端形成花芽。无限生长型的番茄在茎端分化第一个花穗后,这穗花芽下的 1 个侧芽生长成强盛的侧枝,与主茎连续而成合轴;第二穗以及以后各穗花芽下的侧芽也是如此,假轴无限生长。有限生长型的番茄则在发生3~5 个花穗后,花穗下的侧芽变为花芽,不再发展成侧枝,假轴有限生长。无限生长型的番茄植株高大,生物产量高,需肥量大,需肥时间长;有限生长型的番茄植株相对较小,结果集中,需肥也比较集中。

(三)叶的特性及生长发育

番茄的叶为单叶,羽状深裂或全裂,每叶有小叶片 5~9 对,叶片大小、形状、颜色等与品种及环境条件有关,这既是品种的特征表现,也是诊断栽培措施是否得当的生态依据。如一般早熟品种叶片较小,晚熟品种叶片较大;露地栽培叶色较深,保护地栽培叶色较浅;低温下叶色发紫,高温下小叶内卷等。叶片及茎均有毛和分泌腺，能分泌有特殊气味的汁液，可以避免菜青虫等害虫的为害。生长旺盛的植株叶片似长手掌形，中肋及叶片较平，叶色绿，较大，顶部新生叶片正常展开。生长过旺的植株叶片长三角形，中肋突出，叶色浓绿，叶片较大。老化株的叶片很小，暗绿色或淡绿色，顶部新叶变小，不能正常展开。

(四)花的特性

番茄的花为完全花，聚伞花序。小果型品种多为总状花序，花序着生于节间，花黄色，各品种间每一个花序的花数差异很大，就是同一品种在不同环境条件下，或同一植株不同的花序花数也有很大差异。花数在五六朵至十几朵不等。雄蕊通常有5~9枚，包围在雌蕊周围，药筒成熟后向内分裂，散出花粉，完成授粉，所以说番茄为自花授粉作物。但有极个别品种，或者有的品种在特定的环境条件下，柱头会伸出雄蕊之外，可以异花授粉，有4%~10%的天然杂交率。

番茄的开花习性，按花序着生规律可分为两种类型：一种是有限生长型，一般主茎长出6~7片真叶着生第一花序，以后每隔1~2片叶着生1个花序。主茎上发生2~4层花序后，花序下位的侧芽停止发育，不再抽出新枝，也不发生新的花序；一种是无限生长型，主茎上长出8~10片真叶始着生第一花序，以后每隔2~3片叶着生1个花序，在环境条件适宜的情况下，可以不断地着生花序、抽枝和开花结果。

每一朵花的小花梗中部有一个明显的"断带"，它是花芽形成过程中由若干层离层细胞所构成。在环境条件不利于花器官发育时，"断带"处离层细胞分离，导致落花。

花的发育好坏直接影响到果实的大小。花器较大的一般果实也较大，畸形花一般发育成畸形果。丰产的花的形态应为同一花序内开花整齐,花器大小中等,花瓣黄色,子房大小适中。徒长株的花序内开花不整齐,花器及子房特大,花瓣浓黄色。老化株开花延迟,花器小,子房小,花瓣淡黄色。

(五)果实的特性

番茄果实的形状、大小、颜色以及心室数因品种的不同而有明显差异。果实为浆果,果肉由果皮(中果皮)及胎座组成。心室的多少与萼片数及果形有一定相关性。萼片多,心室数也多。3~4个心室,果较小;5~7个心室,果形接近圆形;7个以上心室,果形大而扁。另外,心室的多少与环境条件有关。

番茄授粉后子房开始膨大比较迟缓,一般2~3天才开始膨大,5~7天后膨大迅速,30天后果实生长量又减慢。果实的增大,主要是靠细胞的增大,细胞的数目在开花时已经定型,所以开花时细胞数目多的子房,长成的果实也较大。

果实的颜色是由果皮颜色与果肉颜色相衬而表现出来的。如果皮无色,果肉红色,果实为粉红色。果实的红颜色是由于含有茄红素,黄颜色是由于含有胡萝卜素、叶黄素。胡萝卜素、叶黄素的形成与光照有关,茄红素主要是受温度的支配。

(六)种子的特性

开花授粉35天左右种子具有发芽能力,胚的发育需要40天左右,种子完全成熟需在授粉后50~60天。种子在果实内被1层胶质包围,果汁中含有抑制种子发芽的物质,所以种子在果实内不发芽。种子为扁平的卵形或肾形,呈灰褐色或黄褐包,表面覆盖茸毛。种子较小,千粒重3~3.3克。常规条件贮存,寿命为3~6年,而生产上的适用年限仅为2~3年。

二、番茄对环境条件的要求

番茄具有喜温、喜光、耐肥和半耐旱的特性。露地条件下栽培，春秋两季气候温暖，光照充足，而且少雨，较适宜番茄的生长。夏季多雨炎热，易引起植株徒长，病虫害严重。

（一）对温度条件的要求

番茄为喜温不耐热植物，在 15～33℃ 的温度范围内都能正常生长。最适宜的温度为 20～25℃，温度低于 15℃ 不能开花或授粉受精不良，导致落花等生殖生长障碍。温度降至 10℃ 时，植株停止生长，长时间 5℃ 以下的低温能引起低温危害。温度降到 −1～−2℃ 时植株死亡，温度升至 30℃ 时，同化作用显著降低，升至 35℃ 以上时，生殖生长受到破坏，导致落花落果或果实不发育。

不同生育时期对温度的要求是不同的。种子发芽的适宜温度为 28～30℃，最低发芽温度为 12℃ 左右。幼苗期的白天适温为 20～25℃，夜间为 10～15℃。栽培中常常利用番茄幼苗对温度有较强适应性的特点，进行低温锻炼，使幼苗忍耐较长时间的 6～7℃ 的温度，甚至短时间的 0～−3℃ 的低温，可以明显提高番茄的抗寒性。开花期对温度的要求较为严格，尤其是开花前 5～9 天及开花当天和开花后 2～3 天时间内的要求更为严格。白天适温为 20～30℃，夜间 15～20℃，过低（15℃ 以下）或过高（35℃ 以上）都不利于花器的正常发育及开花。结果期白天适温为 25～28℃，夜温为 16～20℃，温度低，果实生长慢，温度高，果实生长迅速。夜温过高不利于营养物质的积累而导致果实发育不良。28℃ 以上的高温能抑制茄红素等色素的形成，影响果实正常转色。

番茄根系生长最适土温为 20～22℃。提高土温既可促进根系发育,又可使土壤中硝态氮含量显著增加,生长发育加快,产量提高。只要夜间气温不高,维持较高的土温一般不会引起植株徒长。在5℃条件下根系吸收养分及水分受阻,9～10℃时根毛停止生长。

番茄的生长适温与其他环境条件有着密切联系。弱光条件下,适温降低;强光条件下,二氧化碳含量增加,适温会显著提高,当二氧化碳浓度达到1.2%时,最适温度可提高至35℃。夜间温度与氮素营养有一定的相互作用,对番茄的生长及结果有明显影响。只要夜间温度适宜,氮的浓度稍高或稍低,番茄都能正常结果。如果夜温较高,氮素浓度低则不能结果,即使一般氮素施肥量也会出现缺氮症状。

番茄是喜温作物,生理苗龄的大小、采收期的早晚、产量的高低都受生育期有效积温的影响。为适期采收和高产,应在番茄适宜的温度范围内尽量提高温度,加速有效积温的积累。目前保护地栽培番茄,室内温度常处在生长适温范围的下限,从而拉长了达到结果期的时间。

（二）对水分条件的要求

番茄植株生长旺盛,茎叶繁茂,蒸腾作用强烈,需水量较大。但番茄根系发达,吸水力较强,不必经常大量灌溉,而且要求空气湿度不要过大,一般以45%～50%的空气相对湿度为宜。空气湿度过大,会阻碍正常授粉,引起病害。

番茄的不同生育时期对水分要求不同。幼苗期根系小,蒸腾量较小,土壤湿度不宜太高,应适当控水,以免幼苗徒长和发生病害。第一花序着果前,土中水分过多易引起植株徒长,根系发育不良,造成落花。第一花序果实膨大生长后,枝叶生长迅速,应增加供水量。结果盛期需要大量的水分供给,不经常补充水分会影响果实的发育。结果期土壤湿度过大,排水不良,会阻碍根系的正常呼吸,严重时会烂根死秧。土壤湿度范围以维持土壤最大持水量的60%～80%为宜。另外,土壤忽干忽湿,特别是土壤干旱后突遇大雨,很易发生大量裂果现象。果实迅速膨大生长期发生的顶腐病与土壤水分管理不好有一定的关系。

水分是促进番茄生长的重要条件之一,而水分条件又与温度条件密切相关。既不控温,又不控水,植株极易徒长;既控温又控水,又容易发生坠秧。保护地早春栽培,结果初期气温较低,因怕浇水会引起温度下降,常常不自觉地就形成了既控温又控水的局面,从而导致小果坠秧,植株生长缓慢,产量低。

(三)对光照条件的要求

番茄是喜光作物,光饱和点为7万勒,光补偿点为0.15万勒。光照强度下降,光合作用显著下降,因此在栽培中必须保持良好的光照条件,一般保证3.万～3.5万勒以上的光照强度,才能维持其正常生长发育。如果光照不足,植株营养水平降低,会造成大量落花,影响果实正常发育,降低产量。通常情况下强光不会对植株形成危害,在高温干燥条件下可能诱发病毒病和果实的日灼病,影响产量和产品质量。冬季番茄生产中,为尽量使光照达到番茄生长的需求,常采用补光和延长光照时间两种方法。

番茄是短日照植物,在营养生长转向生殖生长,即花芽分化转变过程中要求短日照,但要求不严格。大多数番茄品种在11～13个小时的日照下开花较早,植株生长健壮,16小时光照条件下生长最好。番茄正常生长发育要求完整的太阳光谱,保护地条件下生产番茄,由于缺乏紫外线等短波光,秧苗比较容易徒长。

(四)对土壤条件的要求

番茄对土壤条件的要求不是十分严格,一般土壤均可正常生长。但为了获取高产,有利于根系的生长发育,还是选择土层深厚、排水条件良好、富含有机质的肥沃地块来栽培番茄。番茄对土壤通气条件要求较高,如果土壤空气中氧气的含量降到 2％时,植株因根系缺氧无法生长而枯死。所以,低洼涝地、土质粘重的土壤不适宜栽培番茄。砂壤土的通气条件较好,土温上升快,下降也快,昼夜温差较大,可以促进早熟,但保水、保肥能力稍差。粘壤土或排水条件良好并富含有机质的粘土的保肥能力强,栽培番茄可获取较高的产量,比较适宜春番茄高产栽培。番茄适宜在中性和微酸性土壤中生长,以 pH 6～7 为宜。过酸的土壤容易使番茄产生缺素症。在微碱性土壤中幼苗期生长比较缓慢,但植株长成后生长较好,产品的品质也比较好。

培育壮苗是获得番茄高产的基础,而育苗床土又是培育壮苗的基础,是幼苗生长发育所需营养物质的主要来源。所以对育苗床土的要求较为严格。一是床土无污染,无土传病虫害,上茬作物不是茄果类蔬菜;二是床土要富含有机质,氮、磷、钾三大元素充足并且搭配合理,土壤酸碱度为中性;三是土壤的物理性能好,保水保肥能力强,通透性状较好。符合上述要求的床土,需经人工配制。配制床土需要园土和有机肥。园土一般不用前茬为茄果类蔬菜的土壤,以种过豆类、葱蒜类蔬菜的园土较好。菜园大都多年或多季栽培过蔬菜,土中难免带有致病的病菌和虫卵,所以现在多取用大田中熟土替代园土,可有效地减少土传病害。园土选好后打碎过筛,去掉石子和杂草。有机肥是幼苗生长营养的主要来源,很大程度上决定了床土的质量,从而决定了育苗的质量。有机肥主要有厩肥、炕土、人粪尿、饼肥等多种。有机肥最好在夏季前堆好,经过一个夏季的沤制,充分腐熟,才能用来配制育苗床土。有机肥沤制时可加入适量的过磷酸钙,以补充磷的不足。在一般情况下,播种床土是用 1/3 的园土与 2/3 的有机肥配制而成的;移苗床土是用 2/3 的园土与 1/3 的有机肥配制而成的,另外可在每立方米的床土中加入腐熟好的人粪干 10～15 千克;利用营养钵育苗的营养土是用 2/3 的园土与 1/3 的有机肥配制而成,每立方米营养土中再添加硫酸铵 0.3～0.4 千克,过磷酸钙 2～3 千克以及适量的草木灰。床土配制好后要求床土中全氮含量为 0.8%～1.2%,速效氮含量 0.015%,速效磷含量 0.01% 以上,速效钾含量 0.01% 以上,孔隙度为 60%,pH 值 6～7。

三、番茄的需肥吸肥特点

(一)番茄各个生育时期需肥吸肥特点

1. 发芽期 番茄种子的营养物质主要贮存在胚乳中。发芽时,胚根最先生长,子叶却仍旧停留在种子中,从胚乳中吸收营养物质。接着下胚轴生长,穿过覆土把子叶带到地表面。种子发芽是否顺利,主要取决于环境的温度、水分以及覆土厚度,与土壤中营养物质的多少关系不是很密切。但是番茄的种子较小,所含营养物质较少,幼苗出土后保证必要的营养物质也很重要。这就要求一方面播种时尽量选用籽粒饱满的种子,一方面保证按正确的方法配制好播种床土,配合适宜的温度、湿度,以保证种子顺利发芽。

2. 幼苗期 番茄栽培能否获得高产,培育壮苗是关键。所以幼苗期是番茄生育中的一个很重要时期。进入幼苗期,种子中的营养物质基本消耗殆尽,但幼苗根系迅速生长,很快转变到自养生长,主要是通过根系吸收床土中的营养物质和水分来满足幼苗生长的需要。出现2～3片真叶后,花芽开始分化,营养生长和生殖生长开始同时进行。营养生长是生殖生长的基础,生殖生长又是产量的基础。所以协调好两者之间的关系是栽培管理的主要任务。如果床土水分过多,营养过剩,温度较高,易造成幼苗徒长,营养生长过旺,生殖生长受到抑制,出现花芽分化不良。如果水分不足,营养缺乏,又会造成幼苗老化,营养生长受阻,同样,生殖生长也会受到影响,出现花芽分化不良。只有营养生长旺盛,生殖生长才能正常进行,花芽分化良好。

3. 开花着果期　开花着果期是指第一花序出现大蕾至着果。这一段时间虽然较短,却是决定营养生长与生殖生长平衡的关键时期。营养生长过旺,必然导致开花着果的延迟或落花落果。在偏施氮肥、日照不良、土壤水分过大、夜温较高的情况下更容易发生徒长现象。对于早熟品种,定植后蹲苗不当,土壤中养分不足,水分缺乏,果实发育缓慢,产量降低。所以开花着果期是施肥管理的关键时期。

4. 结果期　结果期是指第一花序着果直到拉秧这一较长的时期。这一阶段营养生长与生殖生长的矛盾依然很突出,但调节好秧与果的关系,肥水管理适当,一般不会出现果赘秧现象。由于番茄的产量高,植株大,生长需要的营养物质较多,在生产中一方面要为番茄植株旺盛生长提供更多的养分;另一方面又要及时追肥,保证矿质营养及氮、磷、钾等元素供应充足。如果缺肥,植株生长不良,结果小,易脱落。如果氮肥施用过量,植株营养生长过旺,分枝增加,消耗大量养分,同样也会出现落花落果现象。合理施肥,及时追肥,协调好果与秧的关系,是获取高产的重要条件。

(二)番茄对各种营养元素的吸收特点

番茄对各种营养元素的吸收量,以钾(氧化钾)最多,氮次之,磷(五氧化二磷)第三。对微量元素中的钙、镁、硼等的吸收量较大。据报道,每生产 5 000 千克果实,需从土壤中吸收氧化钾 33 千克,氮 10 千克,磷 5 千克,这些元素的 73% 左右存在在于果实中,22% 左右存于茎、根、叶等营养器官中。由于受土壤供肥状况、产量水平和施肥方法的影响,在生产中施用肥料的参考用量为每生产 5 000 千克果实需施氮 22.4 千克,五氧化二磷 7.98 千克,氧化钾 16.4 千克,折合成尿素为 48.6 千克,过磷酸钙 40~66.5 千克,硫酸钾 32.8 千克。主要营养元素对番茄的生理作用是:

1. **氮**　氮是蛋白质的主要成分,也是遗传物质——核酸的重要成分,一切有机体都处于蛋白质不断合成和分解过程中。氮素还是叶绿素及许多酶的组成元素。氮对茎、叶的生长和果实的发育具有重要的作用,是与产量关系最为密切的营养元素。在第一花序果实迅速膨大前,植株对氮的吸收量逐渐增加,以后整个生育过程中,基本上按照相同的速度吸收氮素,到结果盛期达到高峰。所以,氮素营养必须供给充足。在保证阳光充足,降低夜温并配合其他营养元素施用的情况下,适当增施氮肥不会引起植株徒长。氮素缺乏时,植株生长细弱,叶片发黄,叶脉浅紫,生长迟缓,果实较小,产量显著降低。氮素过量时,植株生长旺盛,但抗病能力下降。番茄是喜硝态氮的蔬菜,在大田栽培条件下,一般不会因为施用氮肥种类的不同而影响植株的正常生长,这是因为土壤中有大量的硝化细菌,可以把其他形态的氮肥转化为硝态氮肥,供番茄吸收利用。而在保护地条件下,许多环境条件发生改变,土壤中的硝化细菌不如正常情况下活跃,转化变缓,施用铵态氮肥很易产生氨气而使番茄遭受氨害。所以,保护地条件下栽培番茄施用硝态氮肥较好。

2. 磷　磷是植物体内许多重要有机化合物中的组成成分。磷是植物体内细胞核的组分,也是核酸的主要组分。磷素还参与植物体内碳水化合物、含氮化合物、脂肪等的代谢。磷还能提高番茄的抗逆性和适应外界环境条件的能力,提高其抗旱能力,增强抗寒能力。番茄对磷的吸收量虽然不多,但对番茄根系及果实的发育有显著作用。番茄吸收的磷约有94%存在果实及种子中。如果缺磷,番茄植株矮化,叶片变小而且僵硬,叶片背面发紫。果实发育期缺磷,果实发育缓慢,成熟延迟。番茄对磷的吸收主要在生育初期,所以磷肥应注意早施,最好以基肥方式施入。

3. 钾　钾在植物体内不形成有机物,也不是代谢过程的中间产物。在植物体内以离子状态存在。钾离子的流动规律是由衰老的部位流向生长旺盛的部位,在幼芽和幼叶中含量较高。钾能促进光合作用,明显提高植物对氮的吸收和利用,促进碳水化合物的代谢并加速同化产物向贮藏器官输送。钾还可以部分消除因施用过量的氮、磷所造成的不良影响。钾还对番茄的品质改善有很大作用。番茄对钾的吸收量最大。缺钾,则植株生长受阻,中部和上部的叶片叶缘黄化,叶片小,叶脉失绿,抗病能力下降,果实着色不良,容易发生筋腐病,果实呈不规则形状,中空,品质差。使用钾肥已成为提高番茄产量,提高抗病能力和改善番茄品质的重要手段。

4. 钙　钙是构成细胞壁的重要元素。钙与果胶酸结合,形成果胶钙,固定在细胞壁中,有助于细胞壁的形成和发育。钙与蛋白质结合,成为质膜的组成成分,可以降低细胞壁的渗透性,限制细胞液外渗。钙可以促进碳水化合物的转化和氮素的代谢。钙还是某些酶的活性剂，也可与有机酸结合形成盐类，有解毒作用。钙可以促进细胞的伸长和分裂。缺钙，细胞分裂不完全，形成多核细胞，细胞壁溶解，组织变软，出现褐色物质，积聚在细胞间隙和维管束组织中，影响运输。植株缺钙后，生长点和幼叶首先表现出缺钙症状。番茄缺钙易发生青枯病和果实脐腐病。

5. 镁 镁是叶绿素的重要组成成分，在植物生活中有着重要作用。镁也是许多酶的活化剂，加强酶的催化作用，促进碳水化合物的代谢和吸收作用。镁还参与脂肪代谢，促进维生素 A 和维生素 C 的合成，提高番茄的品质。镁在植物体内的移动性也较强。缺镁表现的症状是叶片失绿、黄化，果实由红色变淡为橙色，果肉粘性减少，品质降低。常用防治方法是叶面喷施 0.5%～1.0% 的硫酸镁溶液，也可把硫酸镁等可溶性镁盐直接撒施于土中，或随水灌溉。

6. 硼 硼不是植物体内的组成物质，在植物体内多呈不溶状态存在。硼有利于糖的运输，影响酶促过程和生长调节剂、细胞分裂、核酸代谢以及细胞壁生成等。硼有增强植物输导组织的作用，促进碳水化合物的正常运转。硼还有利于蛋白质的合成和促进生殖器官的发育，增强抗寒和抗旱能力。缺硼后，生长点中的生长素不被氧化，因而生长素浓度过高，细胞分裂加速，含硼少的部分坏死。花药和花丝萎缩，花粉管形成困难，妨碍受精，易出现花而不实或穗而不孕，出现畸形果。在高温、干燥、多氮时，会造成对硼的吸收阻碍，出现缺硼现象。有时番茄植株茎上出现一道裂缝，也与缺硼有关。发现缺硼，要先控制氮肥施用量和水分，再向叶面喷施 0.2%～0.3% 的硼砂或硼酸溶液。

7. 锌 锌是植物体中许多酶的组成成分和活化剂，对水解、氧化还原以及蛋白质合成等过程均有重要作用。锌还与碳水化合物的转化有关,参与植物体内生长素的合成。缺锌,植株叶脉间失绿黄化或白化,生长素合成减少,茎的伸长减弱,叶子变小,形成小叶和簇生状,维生素 C 合成减少,果实品质下降。

不同的营养元素对植物有着不同的生理作用,但不同元素之间不是孤立的对植物起着作用,而是相互促进、相互制约的。钾肥用量少,而氮肥用量中等或过量时,容易造成果实的生理失调,钾肥和氮肥适量使用,能够减少果实成熟过程中的生理失调现象。在光照不足时,施用足量的磷、钾肥,可以有效降低空洞果数量。氮肥使用过量往往会造成番茄缺镁,钾肥使用过量,也会减少番茄植株对镁的吸收量。过磷酸钙使用量增加,叶子中的硼、锰、锌的含量都会减少。所以,生产中施用肥料时,要注意多施用有机肥,适量施用化肥,多施用复合肥,少施成分单一的化肥,施用成分比较单一的化肥时,要准确计算用量,按一定比例与其他化肥合理地配合使用,达到科学施肥的目的,满足番茄对肥料的需求。

四、番茄的施肥技术

(一)施肥原则

1. 按生长期施肥 从番茄的需肥规律看,幼苗期需肥量较小,但要求营养全面,氮、磷、钾供应平衡而且充足。养分全面充足,有利于根、茎、叶生长以及花芽分化。定植后到第一穗果坐住,需肥量逐渐增加,但总量仍不是很大,施入的底肥以及土壤中固有的养分基本上能够满足生长的需要,一般不需要追肥。第一穗果开始膨大到收获,对养分的吸收量猛增,底肥已不能满足需求,尤其是氮肥不足,会严重影响植株生长和果实发育,降低产量。这就要求及时、足量地追施肥料,在保证氮、磷充足的条件下,钾肥的施用量也应加强供应。另外,还应注意环境条件对施肥量的影响。如干旱条件下,对氮的需求量会增加,而潮湿条件下,对磷、钾的需求量会增加。应根据环境条件,适当增、减正常的施肥量,保证植株正常生长。

2. **按需求施肥** 番茄植株对各种营养元素的吸收量,不仅有一个最适点,而且有一个最高点。各种营养元素的吸收量达到最高点,不一定能获得较高产量,只有达到最适点,各种营养元素搭配合理,相互促进,植株的生长才最旺盛,获得的产量亦最高。而生产中的施肥量不可能正好是番茄的最适点吸收量。因为,有诸多不可知的因素影响肥料的肥力发挥,影响植株对营养元素的吸收利用。施肥中掌握最适量的问题,要求充分考虑各种因素,最大限度地向最适点接近。主要做法就是根据每生产1千克番茄所需的养分、目标产量、土壤中营养元素的有效含量、养分的有效利用率等来计算出某种元素的施用量,再换算成某一种化肥的施用量。生产实践中,实际施用量一般要大于计算出的施用量。施肥过多,造成浪费,不利于植株生长。施肥过少,不能满足生长需求,造成减产。

3. **按照养分的平衡原理施肥** 土壤中的各种营养元素,被番茄植株吸收时,有的相互促进,有的相互拮抗,而且各种营养元素对产品器官的作用又各不相同。各种营养元素要按一定的比例配合使用,才会使产品质量和产量都有提高。例如,氮:磷:钾:镁为 $12:12:17:2$ 时,可大大提高早熟番茄的产量。氮、磷、钾比例为 $2:4:6$ 时,果实中氮、磷、钾和维生素 C 的含量比较高。氮、磷、钾的施用比例和施用量得当时,对产量的提高有显著作用,但超出最适范围,产量会下降。

(二)施肥技术

1. **苗期施肥技术**　番茄幼苗期所需营养主要靠床土来提供。床土中各种营养元素含量充足,种类齐全,搭配合理,幼苗生长健壮,花芽分化早,生长发育快。反之,花芽分化推迟,花芽数量少,发育缓慢。只要按照正确的方法配制育苗床土,幼苗期一般不需要追施肥料。但番茄的苗期较长,生育后期往往会养分不足,影响幼苗的生长。出现这种情况,可结合浇水,追施充分腐熟的淡粪水或 $0.1\%\sim0.2\%$ 的尿素溶液。温室内育苗,可在番茄 $2\sim3$ 片真叶展开后,追施二氧化碳气肥,浓度在 $800\sim1\,000$ 毫升/千升即可。

2. **露地番茄栽培施肥技术**

(1)重施基肥　基肥是番茄生长所需养分的主要来源。基肥应以有机肥为主。因为和无机肥料相比,有机肥含有多种番茄生长发育所必需的营养物质,并且肥料中的养分释放速度较慢,肥效较长,不易引起土壤溶液高浓度。有机肥有利于土壤微生物的活动,可以提高土壤活性和生物繁殖转化能力,提高土壤的吸附性能、缓冲性能和抗逆性能,可以改良土壤的物理、化学和生物特性,甚至还可以直接为番茄的生育提供氨基酸。常用的有机肥有饼肥、草炭、腐殖酸类肥料、秸秆、厩肥、人粪尿、塘泥、骨粉、血粉等。有机肥施用前一定要充分腐熟,否则有机肥中常混有草籽、虫卵、病菌,施用后易引起病害和草荒。另外,未经腐熟,施用后在大田中腐熟,产生热量,极易烧苗。有机肥的施用量要充足,常用量为每 667 平方米施用腐熟好的有机肥 8 000 千克左右,再加入三元复合肥 $40\sim50$ 千克或过磷酸钙 $50\sim75$ 千克,硫酸铵 30 千克。其中 2/3 在耕地时施入,1/3 在定植时施入定植行内。磷肥与有机肥堆沤,肥效更好。因为过磷酸钙施入土壤中易被固定,肥效转化慢,番茄难以吸收利用。与有机肥堆沤后,有机肥中的有机酸能促使难溶性磷的分解,减少被土壤的固定量,有利于植株的吸收,而且还可以避免烧种烧苗。

(2)追肥　露地番茄栽培,主要的追肥有 3 次。第一次是发棵肥,是指定植后到第一穗果坐住前的追肥。这一时期,幼苗刚刚缓苗,急需要氮素营养。一般情况定植后 10～15 天,结合浇水,每 667 平方米施人粪尿 500 千克,或硫酸铵 10 千克。追肥后立即中耕培土,进行适当蹲苗,促进番茄的根系生长,防止秧苗徒长。第二次追肥为催果肥。当第一穗果开始膨大时,幼果吸收营养物质的能力处于旺盛时期,此时是番茄施肥的重点期,施肥量应占总施肥量的 35% 左右。追肥以氮肥为主,结合施入适量的磷、钾肥。一般每 667 平方米施硫酸铵 20 千克,过磷酸钙 8 千克,或充分腐熟的人粪尿 800 千克。沟施或穴施均可。施用草木灰对增加钾的供应效果很好。一般每 667 平方米施 50～80 千克(干重),撒施在沟内即可。但应注意不要和含铵根的肥料(如硫酸铵、氯化铵等)混和施用。因为草木灰呈碱性,易形成氢氧化铵,而释放出氨气,造成氮素流失和产生氨害。第三次追肥为盛果肥。在第一穗果采收、第二穗果膨大时施入。一般每 667 平方米施用硫酸铵 15～20 千克,或人粪尿 1 000 千克。沟施或穴施均可。以后每采收一次番茄,结合浇水追施速效氮肥 10 千克左右,基本上可以满足植株的生长和果实发育的需要。

3. 保护地番茄栽培的施肥技术

(1)塑料大棚番茄栽培的施肥技术　塑料大棚的保温性能不是很好,进行番茄栽培一般主要是春、秋两个茬口。春大棚番茄的定植期比露地早 1 个多月,定植时虽然采取了各种措施提高地温,但土壤中的养分释放仍然缓慢,满足不了番茄生长的需要,所以要增施有机肥。一般每667平方米施入充分熟腐的有机肥5 000千克左右,或充分腐熟的鸡粪2 000～3 000千克,再加施磷酸二铵15～20千克、硫酸钾10千克,以提高生长前期土壤中速效养分的浓度,促进生长。定植后地温仍较低,一般不浇缓苗水,不施缓苗肥。当第一穗花序开花坐住果时,结合浇水进行第一次追肥,一般每667平方米追施硫酸铵10～15千克,或者尿素5～8千克,沟施或穴施均可,最好是穴施。当第二穗果膨大、第三穗果坐住时,进行第二次追肥,每667平方米施硫酸铵15～20千克。生产实践中,春季塑料大棚番茄栽培一般只留3穗果,3穗花序以上的花序去掉,整株大约有10个果,这样每株所占的面积减小,可以通过增加栽培密度来保持有一个较高的产量。所以追肥一般只追两次即可。另外,还有只留两穗果的栽培方法,目的是提早上市,追求更好的产值。这种栽培方法,只需在第一穗果坐住后追肥1次,每667平方米施硫酸铵20千克左右即可。

秋季塑料大棚番茄栽培,前期气温高,土中的养分和前茬所施肥料残效养分容易释放,基肥用量可以适量减少施用。一般每667平方米施入腐熟的有机肥3 000千克左右,再加入磷酸二铵15千克。第一穗果坐住,进行第一次追肥,每667平方米施用尿素5～10千克,或硫酸铵10千克,最好是穴施。第二穗果膨大时,施用硫酸铵10～15千克,磷酸二铵5千克,硫酸钾10千克,施完肥要注意浇水,以防烧根。第三穗果膨大时,再追1次肥,每667平方米施入硫酸铵10～15千克,用以维持茎、叶的功能,使第三穗果能尽早成熟。

(2)日光温室番茄栽培施肥技术　日光温室番茄栽培的茬口较多,主要有秋延迟、秋冬茬、冬春茬、春提早栽培,其中以秋冬茬和冬春茬为主要茬口。

日光温室冬春茬番茄栽培的生长期很长，有的可达 200 天以上，每株留 7～8 穗果，或者 10 穗以上，产量大，需要养分多，必须加大基肥的施用量。一般每 667 平方米施充分腐熟的有机肥 6 000 千克，或鸡粪 3 000 千克，再加施磷酸二铵 20 千克，硫酸钾 15 千克。缓苗结束后追施第一次肥，用量不要过大，每 667 平方米施硫酸铵 10 千克即可，促进发棵。用肥量过大可能引起植株徒长，影响坐果。第一果坐住开始膨大时，进行第二次追肥。此时，第二穗果刚刚坐住，第三穗花序有部分开花，第四穗花序已显蕾，营养生长和生殖生长均处于旺盛期，不仅对氮肥的需求量加大，而且要求增施磷肥和钾肥，以协调二者的关系。一般每 667 平方米施硫酸钾 10 千克，硫酸铵 15～20 千克，磷酸二铵 10 千克，施后注意浇水。当第三穗果开始膨大时，进行第三次追肥，每 667 平方米施硫酸铵和硫酸钾各 10 千克。第二穗果采收、第四穗果开始膨大时，进行第四次追肥，每 667 平方米施硫酸铵 10～15 千克，或者尿素 10 千克。第五穗果膨大时，每 667 平方米再追施硫酸铵 10～15 千克。此后直至拔秧，基本可以不追肥，如出现缺肥症状，可进行叶面追肥，或随水冲施少量人粪尿即可。这样每 667 平方米总的施肥量为：有机肥 6 000 千克或鸡粪 3 000 千克，硫酸铵 45～55 千克，磷酸二铵 30 千克，硫酸钾 35 千克。

日光温室秋冬茬番茄栽培，扣棚时外界温度较高，扣棚后，温室内的温度也较高，土壤中的养分释放较容易。另外，秋冬茬的生长期较短，产量比冬春茬低，基肥的用量应比冬春茬少。一般每 667 平方米施入腐熟好的有机肥 4 000 千克，或者腐熟好的鸡粪 2 000 千克，再加施磷酸二铵 15 千克。第一穗果坐住时进行 1 次追肥，每 667 平方米追施硫酸铵 10 千克。第二穗果膨大时，每 667 平方米再追施硫酸铵 15 千克，磷酸钾 10 千克。当第三穗果膨大时,第四穗果已经坐住,一、二穗果已膨大接近成果。为了缓解各穗果对养分的需求矛盾,争取第四、五穗果在春节前上市,一方面要加强管理,提高温室温度,延长光照时间;另一方面要加强肥水。施肥不仅量要足,而且养分要全面。一般每 667 平方米施硫酸铵 15 千克,磷酸二铵 10 千克,硫酸钾 10 千克。第四穗果膨大、第五穗果已经坐住时,进行第四次追肥,每 667 平方米施硫酸铵 15 千克,或尿素 10 千克。以后不再追肥。

4. 叶面施肥技术

(1)叶面施肥的原理　研究证明,植物根系吸收的矿质养分,同样可以从叶面进入植物体内,其吸收机理基本相同。叶片吸收营养物质的过程分为 3 个阶段:一是营养物质通过气孔直接进入叶肉细胞,或者通过自由扩散渗入叶面表皮的角质层和纤维素壁;二是通过纤维素壁通道与角质层分子间隙,以及外突原生质丝,营养物质渗透而移向原生质膜表面,接着通过原生质膜表面对营养物质进行吸收;三是吸收的营养物质通过代谢随能量的传递过程而进入细胞内,完成吸收过程,营养物质被植物利用。叶面吸收的营养物质主要是向生长中心转移,在营养生长期主要向新叶转移,在生殖生长期主要向花、果实转移。

(2)叶面施肥的作用　叶面施肥,营养物质从叶部直接进入植物体内,参与新陈代谢和有机物的合成,其效果比土壤施肥反应迅速。采用叶面施肥,可在番茄的各个生长时期及不同的发育阶段实行分期营养,协调番茄对营养元素的需要与土壤供肥不足的矛盾,使各种营养元素之间保持适当比例,促进生长发育的正常进行。叶面施肥,可以促进和控制植株体内各个生理过程的进展,增强酶的活性。叶面施肥能消除因土壤施肥造成部分肥料被土壤固定,而使肥料有效性降低等缺陷,提高肥料利用率。通常叶面喷施少量肥料,就可以达到用量大几十倍的土壤施肥的效果。

(3)叶面施肥技术 叶面施肥作用迅速,但叶面毕竟不是吸肥的主要器官,加之叶面质地幼嫩,施肥浓度的掌握尤为重要。一般情况下,叶面施肥的浓度要控制在 $0.05\%\sim1\%$ 之间。通常叶面施用的肥料有过磷酸钙浸出液、尿素溶液、磷酸二氢钾溶液及硼砂溶液等。过磷酸钙浸出液的制作方法是:1.5 千克过磷酸钙,加水 5 升(要求 $50\,℃$ 左右的热水),不断搅动,放置一昼夜后,取上层澄清液,再加水 50 升,就可以配成 3% 的过磷酸钙浸出液。尿素溶液、磷酸二氢钾溶液、硼砂溶液等按比例配制即成。叶面施肥一般情况下是用喷雾器向叶片进行喷洒,应注意叶片的正反两面都要喷到,特别是叶背面气孔多,要充分喷施。喷施时间最好在傍晚进行,因傍晚温度低,湿度大,喷在叶面上的溶液不易干燥,有利于叶面吸收。阴天可以轻喷,雨天不要喷,喷后下雨要补喷。当植株表现出缺肥症状时,可喷施 0.2% 的尿素溶液或磷酸二铵溶液,效果比较明显。出现番茄脐腐病时,可喷施 0.5% 的氯化钙溶液,减少脐腐病的再发生。苗期生长后期养分不足,可喷施 0.2% 的尿素。结果期为补充钾素的不足,可定期喷施 0.2% 的磷酸二氢钾溶液,对改善果实的品质有较好作用。

5. 保护地番茄栽培二氧化碳施肥技术 保护地内的光照、温度、湿度、二氧化碳浓度等环境条件与露地栽培有显著差异,特别是室内外的气体交换受到限制。保护地内二氧化碳浓度白天低于露地,尤其是中午前后,夜间又高于露地,正与番茄生长的需求相反。近几年来随着保护地设施的不断改善,温度、光照、湿度对产量的影响作用逐渐减弱,二氧化碳浓度不足成为限制番茄生长发育最不易控制的主导因素。因此,对保护地番茄栽培实行二氧化碳施肥已成为保护地番茄提高产量、改善品质的一条新途径。大气中的二氧化碳浓度基本上稳定在 0.03% 左右,只靠大气中的二氧化碳,番茄能够正常生长,但远远不能满足需要。据试验,二氧化碳浓度达到 0.08%～0.1% 时,番茄的产量会显著提高。生产上常用的二氧化碳施肥方法有 4 种:一是利用硫酸与碳酸氢铵反应释放二氧化碳;二是直接释放二氧化碳;三是利用燃烧煤炭、木炭等产生二氧化碳;四是施用二氧化碳颗粒气肥。最常用的方法是利用硫酸与碳酸氢铵反应释放二氧化碳。具体做法是:先计算好在温室二氧化碳达到 0.1% 时所需硫酸和碳酸氢铵的量。把浓硫酸稀释为稀硫酸,把定量的碳酸氢铵放在塑料桶或陶器(或瓷器,不能用铁器)中,在需要施肥时,把稀硫酸倒入即可产生二氧化碳。例如:假定温室的容积为 1 000 立方米,硫酸的浓度为 92%,则温室内要达到 0.1% 的二氧化碳浓度,需碳酸氢铵 3.6 千克,硫酸 2.4 千克。施用二氧化碳的时间一般为 11 月份至翌年 2 月份,在日出后 1 个半小时;3 月份至 4 月中旬在日出后 1 个小时;4 月下旬至 5 月份在日出后半个小时。施完闭棚 1.5～2 个小时后放风。酒精厂的废料——二氧化碳,用钢瓶盛放,随用随取,并且二氧化碳较纯。其缺点是因为是高压盛放,搬运不方便,再加上货源供应不足,使用范围较窄,主要在大城市近郊有此条件。山东省农业科学院原子能研究所研制的二氧化碳颗粒气肥和宁夏宏兴生物技术公司研制的双微二氧化碳颗粒气肥,使用方法简便,增产效果较明显,残留物为无机肥,对番茄无不良影响,应用范围较广,深受广大菜农欢迎。其缺点是二氧化碳的释放不能控制,放出的二氧化碳量常常达不到要求。

第六章　茄子施肥技术

茄子属茄科茄属植物,原产于印度等地,早在4～5世纪就传入我国,至今已有1000多年的栽培历史。茄子在我国各地普遍栽培,面积也较大,是我国北部各地区夏秋的主要蔬菜之一。茄子果形多种,有长形、圆形和卵圆形。东北、华南、华东地区以长形茄栽培为主,华北、西北地区以圆形茄栽培为主。茄子营养丰富,富含人体所需的蛋白质、维生素、粗纤维和无机盐等。多食用茄子,可以降低血液中的胆固醇,预防动脉硬化,增强人体抗病能力。另外,茄子食法多样,蒸、炒、油炸均可,是广大城乡人民喜爱的蔬菜。

茄子喜温不耐寒,传统的栽培方式多为露地春季栽培,夏季上市,供应时间短,产量低。随着保护地设施的不断完善以及栽培技术的不断提高,茄子生产由原来单一的露地生产模式,逐步发展为露地栽培和多种形式的保护地栽培方式相结合,基本上实现了周年生产,周年供应,极大地促进了茄子的生产发展。特别是近几年日光温室冬季茄子栽培技术的完善,冬季生产茄子产量有了很大提高,产值大幅度上升,甚至超过了黄瓜、西红柿的栽培,成为广大菜农致富的一条新路子。但是,当前的茄子保护地生产中,存在着诸如保护地设施结构不合理、栽培技术水平不均衡、防御灾害性天气的手段不完备、新的适宜保护地栽培的品种依然较少等问题,严重地制约着生产的发展,影响广大菜农栽培茄子的积极性。

一、茄子的生物学特性

（一）根

茄子根系发达，成株根系可深达 1.3～1.7 米，横向伸长可达 1～1.3 米。主要的根群分布在 33 厘米内的土层中。茄子根系的木质化较早，不定根发生能力较弱，与番茄相比较，根系的再生能力较差。根系的发育状况与土壤质地、土壤肥力、品种特性有关。

（二）茎

茄子的茎为圆形，直立，粗壮。分枝习性为假二杈分枝。主茎在一定节数时顶芽变为花芽，花芽下的两个侧芽生成 1 对第一次分枝。在第二叶或第三叶后，顶端又形成花芽和 1 对分枝。植株开张或稍开张，枝条生长速度比番茄缓慢，营养生长和生殖生长较为平衡。茎外皮的颜色与果实、叶片颜色有一定的相关性。茎在幼苗期是草质的，随着生长，茎轴的干物质含量不断增加，逐渐木栓化。

（三）叶

茄子的叶为单叶，互生。有较长的叶柄，叶片肥大，卵圆形或长椭圆形。叶缘有波浪状钝缺刻，叶面粗糙。叶片形状的变化与品种的株型有关，株型紧凑高大的，叶片较窄；株型开张稍矮的，叶片较宽。叶片的大小因品种及其着生部位不同而有所差异。茎、叶的颜色与果色有关，通常紫茄品种的嫩枝及叶柄带紫色，白茄和青茄品种则呈绿色。

（四）花

茄子的花为两性花，花瓣 5～6 片，基部合成筒状，白色或紫色。雄蕊黄色，雌蕊位于花的中心，基部为子房，上面为花柱，顶端为柱头。中、晚熟品种的花一般为单生，而早熟品种的花可同时着生 2～3 朵或更多。开花时花药顶孔开裂散出花粉。花萼宿存。根据花朵中花柱的长短,可以分为长柱花、中柱花和短柱花 3 种类型。长柱花和中柱花的花器较大,花色深,花柱长于花药或与花药相平,顶端柱头的边缘部位较大,呈星状,有利于授粉受精,为健全花,坐果率高。短柱花的花柱低于花药,柱头隐埋在筒状花药的内部,花器较小,花梗较细,子房发育不良,授粉受精能力差,很易落花落果。茄子花器的大小和花柱的长短与植株的生长势密切相关。植株生长健壮,叶片大而厚,则花器较大,花梗粗,花柱长。植株生长不良,叶片弱小,则花器较小,花梗短,花柱短。同一节位着生多个花朵时,发育晚的花一般为短柱花。

花朵开放的时间因品种和气候条件而异。晴天,一般从凌晨 4 点半钟开始开花,5 点半钟左右盛开,7 点钟花药开裂,7～10 点钟进行授粉。阴天时,花朵开放及授粉的时间延迟。花朵开放一般可持续 3～4 天,此后花瓣脱落。茄子一般自花授粉,雌花从开花前 1 天至开花后 2～3 天都具有受精能力,但以开花当天授粉能力最强。

(五)果 实

茄子的果实为浆果,由受精后的子房膨大而成,主要由果皮、胎座和心髓等组成。胎座尤为发达,是幼嫩的薄壁海绵组织,为养分和水分的贮藏部位,是供食用的主要部分。海绵组织的松软程度因品种而有很大差异。一般圆形果实的品种,果肉致密,细胞间隙小,排列紧密,含水量少,果肉比较硬。长形果实的品种,果肉较松软,细胞间隙大,含水量高,肉质柔嫩。果实的形状有圆球形、扁圆形、卵圆形和长条形等。果实的颜色有鲜紫色、暗紫色、白色、绿色和青色等,以紫色为多。果实老熟后呈黄褐色。幼嫩的果实常带涩味,煮熟后涩味可消失。

(六)种　子

茄子的种子较小,扁平,表面光滑。圆茄类型的种子为圆形,种脐凹陷深;长茄类型的种子为卵圆形,种脐凹陷浅。种皮有细纹而无毛,有光泽。新鲜种子呈黄色而有光泽,陈种子或晾晒不好的种子呈淡褐色且无光泽。种子千粒重为 4～5 克。大果型圆茄类型每果可结种子 2 000～3 000 粒,长茄类型每果结种子 800～1 000 粒。种子的发芽年限为 5 年,生产上种子的使用年限只有 2～3 年。陈种子发芽率低,发芽势差。茄子的种子发育较晚,当果实将近成熟时才迅速发育至成熟。种子发育的早晚与多少,品种间有差异。留种茄采收后进行一段时间的后熟,可使种子饱满,提高发芽率。

二、茄子对环境条件的要求

(一)对温度条件的要求

茄子喜温暖,不耐寒冷,整个生育期对温度的要求比番茄高,耐热性也强。生长发育期间的适宜温度为 20～30℃,白天最好在 25～28℃,夜间 16～20℃。温度低于 17℃,生育缓慢;低于 10℃时,会引起植株代谢紊乱,易产生沤根等生理障碍;低于 7～8℃,则会发生冷害。茄子不耐霜冻,遇到 0℃温度时,就会被冻死。温度高于 35℃时,对花芽的分化和发育很不利,常常会引起落花落果和产生畸形果。

不同的生育时期对温度的要求有所不同。种子发芽的最低温度为 15℃,适温为 25～35℃,最高为 40℃。在恒温条件下,发芽不良。用变温方法处理,出芽快,而且整齐。催芽时,给 8 小时 30℃温度,16 小时 20℃的变温处理,发芽齐而壮。苗期生长最适温度为 22～30℃,能正常生育的最高温度为 32～33℃,最低温度为 15～16℃,超出这个范围对幼苗生长很不利。苗期的温度管理,不仅要考虑幼苗的营养生长,而且还要考虑花芽分化、发育对温度的要求。温度管理最重要的是昼夜温差,即白天的气温要保持促进叶片同化作用的温度,夜间的气温保持有利于叶片同化物质向外运转。为此,白天适温为27~28℃,夜间适温为18~20℃。夜间温度过高,特别是后半夜温度过高,呼吸消耗增多,干物质积累减少,幼苗容易徒长,抗性下降,对花芽分化和发育也不利,短柱花增多。夜温在24℃时,所形成的花大部分为长柱花,少数为中柱花。夜温在17℃时,第一朵花全部是长柱花。开花期对温度的要求较为严格,特别是在开花前7~15天遇到15℃以下的低温,或30℃以上的高温,就会产生没有受精能力的花粉。温度过高或过低,还会导致花粉管不能伸长,影响受精,造成落花落果等。结果期温度控制的好坏对产量有较大影响。白天温度在20~30℃,对开花结实无不良影响,最适温度为25℃。如果出现35℃以上的高温,会出现结实障碍。白天温度在20℃以下,也会出现结实障碍。最适夜温为18~20℃。如果夜温过高,不能促进发育旺盛的果实的膨大。由于同化物质送到生长部位的量减少,会出现植株营养不足的症状,从而影响后继花果的生长发育,导致减产。

地温管理应与气温相配合。白天的地温要比气温低,保持在24~25℃。夜间的地温比气温高,保持在17~20℃,保持适宜的地温,既可促进根系的生长发育,又可加快根系对土壤营养的吸收。一般地温低于10℃,根毛停止生长,低于5℃根系吸收养分及水分受阻。

茄子生长的适温与外界其他环境条件有密切关系。弱光条件下,生长适温降低;强光条件下,加上二氧化碳浓度提高,适温会显著提高。

(二)对水分条件的要求

茄子枝叶繁茂,叶片大,开花、结果数量多,蒸腾作用旺盛,对水分的需求量较大,耐旱性较弱。茄子的根系扎入土中较深,但若土中含水量不足,则根系从土壤中吸收的水分有限。所以既要求有一定的土壤含水量,又要求生长环境保持一定的空气相对湿度,以保证根系吸收水分与叶面蒸腾间的平衡。空气相对湿度以 70%～80% 为宜。如果空气相对湿度过高,会导致病害的发生,开花、坐果困难,落花落果严重。土壤的含水量在 14%～18% 较适宜。含水量过高,土壤中的氧气含量减少,易导致沤根。土壤中水分不足时,又会影响植株的正常生长和开花结果,特别是对果实的发育影响很大。

茄子对水分的要求在不同的生育阶段有一定的差异。发芽期要求苗床水分充足。水分不足,出苗慢,发芽率低。幼苗生育初期,要求床土湿润,空气比较干燥。所以育苗时,应选保水能力较强的土为床土,以减少浇水次数,稳定提高床土温度。随着幼苗的生长,根系向纵深发展,根系吸水的能力不断增强,此时若土壤中水分过多,再遇到高夜温、日照不足和苗床密度过大等情况,极易造成幼苗徒长。所以,随着苗龄增加,要适当控水,降低温度,防止徒长。

从定植到植株进入开花结果期这段时间,茄子正处于由营养生长向生殖生长过渡,为了维持营养生长与生殖生长的平衡,避免营养生长过盛,在水分管理上应以控为主,不旱不浇水。进入开花结果期后,需水量增加,栽培上应保证水分的充足供应。这时,干旱或肥料不足,都会抑制根系对养分、水分的吸收,使植株体内营养状况恶化,花器发育不良,短柱花增多,严重时会导致生育受阻,生长势变弱,从而引起早衰。茄子果实中含有 93%～94% 的水分。水分对果肉细胞的肥大,起着非常重要的作用,如果水分不足,果实发育不良,多形成无光泽的小果,品质变劣。

(三)对光照条件的要求

茄子对光照的要求较高,光照强度和光照时间的长短都会对茄子的生长发育产生影响。光照时间长,生长旺盛,尤其在苗期,光照充足,花芽分化快,开花早。茄子的光补偿点为2 000勒,光饱和点为4万勒。当光照减弱时,茄子的光合作用降低,同化量减少,植株开花数量也随之减少,并且落花数量增多,产量下降,且色素形成不好。幼苗期光照不足,花芽分化及开花期延迟,长柱花减少,中、短柱花增多。茄子果实对弱光的反应较为敏感。当光照强度下降到正常光照强度的1/2时,果实重量也会降低1/2左右,同时着果数减少。

不同的日照长度对茄子花芽分化的早晚以及花的形成有显著影响。在15~16小时的长光照条件下,花芽分化早,着花节位低。随着日照时间缩短,花芽分化推迟,开花晚,着花节位上升。各个不同的生育时期对光照的要求有所不同。发芽期,由于茄子的种子是厌光性的,在有光处发芽慢,暗处发芽快。苗期对光照的要求是保护地栽培上午要尽早揭去草苫,使植株尽早受光,早进行光合作用。因为幼苗一上午便可完成一天光合量的60%~70%。对光照长短的要求是光照时间15~16小时,幼苗生长旺盛,低于4小时,幼苗生长发育明显受到抑制。开花着果期,光照不足,光合作用产生的干物质减少,植株体内积累物质少,开花数减少,落花数增多。结果期如遇连阴天,光照严重不足,会导致落花落果,产量降低,品质下降。

(四)对土壤条件的要求

茄子对土质的适应性较强,一般性质的土壤都可以正常生长发育。茄子耐旱性较差,同时又比较喜肥,为获得高产,生产上宜选择排水良好、土层深厚、富含有机质、保水保肥能力强的土壤进行栽培。这样的土壤一方面可以给茄子的生长发育提供较多的营养物质,另一方面有利于茄子根系的深扎,形成纵深扩展的根系,增强耐旱及吸水吸肥的能力。土壤过于潮湿、粘重或板结时,会造成土壤含氧量不足,根系因通气不良而腐烂,同时,植株扎根困难,根系不能充分伸展。茄子耐盐的范围在 2 000～3 000 毫克/千克,能忍受较高的土壤溶液浓度。在中性到微碱性的土壤上栽培茄子容易获得较高产量。

土壤中空气的组成,决定于根和土壤微生物的活动程度以及土壤空气和大气之间的换气良好程度。在根系发达、微生物繁殖多的土壤中,在呼吸量多的高温期,土中的氧气大大减少,二氧化碳增加。在高温季节,通气良好的沙质土中,氧气含量达到大气中的 2/3,二氧化碳含量是大气中的 100 倍以上,但对茄苗的生长没有太大的不良影响。但是当氧气浓度降到 2％以下,则茄苗发育不良。

培育茄子的壮苗必须要配制好营养土。营养土的好坏直接关系到茄苗生长发育。因为营养土是幼苗生长的基础,是幼苗生长发育所需营养物质的主要来源。优质的营养土的标准是:土质疏松,肥沃,保水透气性良好,浇水后不板结,干时不裂纹,定植时不易散坨;含有机质应在 5％以上,同时含有充足的速效氮、磷、钾等营养元素,其中速效氮应达到 0.01％,速效磷 0.01％～0.02％,每立方厘米的重量不大于 1.5 克。

营养土一般是由有机肥和肥沃的园土或大田土以及速效化肥按一定的比例配制而成。常用的有机肥有厩肥、炕土、草炭、牲畜粪干、人粪尿及饼肥等多种,依来源的多少灵活选用。有机肥使用前一定要充分腐熟,杀死其中的虫卵、病菌、杂草籽,使有机物质经过发酵而产生的热量释放出来,避免播种后再发酵,烧种烧苗。有机肥堆沤时,最好将需要施用的过磷酸钙一起堆沤,可以减少土壤对磷的吸附,提高磷肥的利用率。园田土应选择前茬没种过茄果类蔬菜的土壤,以种过豆类或葱蒜类蔬菜的园田土为好。也可以用大田土代替园田土。因为园田土经过多年种植蔬菜,土中不可避免带有致病的病菌和虫卵,采用大田土可有效地减少土传病虫害的发生。园田土和有机肥使用前都要过筛,去除其中大块颗粒及草屑。具体配制方法是:育苗苗床土为园田土或大田土∶有机肥=6∶4。然后,每立方米再加入硫酸铵1千克,草木灰15千克或硫酸钾0.5千克。分苗苗床土为园田土或大田土∶有机肥=7∶3。

床土配制好后要进行消毒,杀灭床土中的有害虫卵和病菌。常用的消毒方法有3种:一是药土消毒法。70%的五氯硝基苯与65%的代森锌1∶1混合后,每平方米苗床用8克与15千克细干土拌匀配成的药土。播种前用2/3药土铺底,其余的在播种后作覆土。也可将70%的五氯硝基苯与福美双1∶1混合后使用。二是福尔马林消毒法。用40%福尔马林200~300毫升加水25~30升,喷施在1 000千克床土上,然后充分拌匀堆成堆,用塑料薄膜密封5~7天,揭膜,待药味挥发后使用。三是高温消毒法。秋季育苗时,床土铺好后,加盖塑料薄膜烤棚,使棚内温度达50℃左右,2~3天可杀死土中大部分病菌。

三、茄子的需肥吸肥特点

(一)茄子各个生育时期需肥吸肥特点

1. 发芽期 发芽期主要是利用种子内部贮藏的营养物质来生长。由于胚根的生长刚刚开始,吸收能力很小,所以吸收土壤中的营养元素很少。种子发芽的好坏,决定因素是环境、温度、湿度及土壤的通气状况和种子本身的优劣,而不是土壤中含有营养元素的多少。按正确方法配制的营养床土,能够满足茄子种子发芽的需要。相反,如果土壤溶液浓度过高,会伤害种子,从而影响种子的正常发芽。

2. 苗期　对于茄果类蔬菜来说,苗期是一生中尤为重要的时期。秧苗的好坏,直接影响到产量的高低,所以,培育壮苗是关键。进入苗期,种子内贮存的营养物质已经消耗殆尽,幼苗的生长主要是依靠根系从土壤中吸收水分和矿质营养,再通过叶子的光合作用来满足生长的需要。当茄苗长到4片真叶、幼茎粗细达到2毫米左右时,开始花芽分化。自此,营养生长与生殖生长同时进行。幼苗期的各项管理主要是协调营养生长与生殖生长二者的关系,从而达到培育壮苗的目的。如果土壤中营养过剩,水分过多,温度较高,幼苗极易徒长,从而导致花芽分化不良。营养缺乏,幼苗生长不良,同样会引起花芽分化延迟。只有营养生长旺盛,植株健壮,花芽分化才能正常进行,花芽的质量也会大大提高。幼苗的根系很弱,对土壤营养元素的含量要求较高,既要求充足,又要求全面,并且对土壤溶液浓度很敏感。所以床土尽量多施用有机肥,少施用化肥。幼苗期需磷量较多,磷肥充足,根系生长良好,茎叶粗壮,花芽也提早分化。但磷肥的效果与氮肥有一定的相关性,在氮素水平较高的情况下,施磷的效果表现明显。

3. 开花着果期　这一时期从时间上看比较短,但它是平衡营养生长与生殖生长的关键期,哪一方生长过旺,都会使另一方的生长迟缓,因此要求施肥适中。如果底肥充足,这一时期可以不施肥。有缺肥现象,可以进行叶面施肥。

4. 结果期　茄子的结果期较长,从门茄"瞪眼"开始,一直到拉秧都处于结果期。结果期内不断有新花开放,果实也多次采收,生物产量和产品器官产量都很大,需要有充足的肥料供应,才能保证植株的旺盛生长。茄子对氮肥的需求较多,钾肥次之,磷肥相对较少。结果期供肥不足,植株的生长受阻,结果小,且易脱落,产量低,品质劣;供肥过剩,尤其是氮肥的施用量过多,植株生长过旺,分枝多,群体之间、个体上下层之间遮蔽严重,引起下层叶片脱落,落花、落果严重。表面上看植株生长茂盛,实则产量不高。这一时期主要是注意及时适量施肥,足量施肥。

(二)茄子对各种营养元素的吸收

氮、磷、钾、钙、镁、硼等多种元素对茄子都有重要的生理作用,茄子吸收的也较多。其中对钾的吸收量最多,氮次之。据测试,每生产1000千克茄子,需要吸收氮3.3千克,磷0.8千克,钾5.1千克,钙1.2千克,镁0.2千克。主要营养元素对茄子的生理作用是:

1. 氮　氮素被称为"生命元素",在茄子体内具有重要的生理功能。氮素可以促进叶绿素的形成,加速茄子的生长发育。作为酶和多种维生素的组成成分,影响着许多物质的转化过程。氮素主要以铵态氮和硝态氮的形式由根系吸收到茄子体内。氮对茄子幼苗的生长具有良好作用。氮充足,幼苗茎粗壮,叶片肥厚;氮不足,幼苗生长受抑制,茎叶生长衰弱,叶色淡,下部叶片变黄。试验表明,氮素对茄苗生长的影响比磷、钾都大。通过用不同浓度的氮的培养液来做试验,结果表明,当氮浓度在240毫克/千克以内时,氮浓度越大,茄苗生长越旺盛;当氮的浓度超过400毫克/千克时,出现氮素过剩症状。氮素充足,花芽分化早,着花节位低,花芽分化数量多。开花期,尤其是开花盛期缺氮,会引起花芽发育不良,短柱花增多,落花也多。氮有明显的增产作用。氮充足可大幅度地提高果实的产量。开花后如果氮供应不足,着果率降低,果实膨大受到抑制,产量下降。氮在茄子体内的分布,不同的器官和不同的生育时期均有所差异。在各器官中,以叶片中含量比率最大,果实次之,茎中最小。但果实中含氮的总重量比其他器官都多,全部果实的含氮量可占总氮量的 60% 以上。

2. 磷 磷素是茄子体内许多重要化合物如核酸、磷脂等的重要组成成分,是新细胞所必需的元素之一。磷是多种代谢过程的调节剂,参与多种代谢过程。它本身也可转化成各种不同的含磷有机化合物。磷能促进茄子的呼吸作用,提高茄子的抗逆性。磷供应不足,硝态氮在植株体内还原过程受阻,从而影响蛋白质的合成。如果缺磷严重,还会造成茄子体内的蛋白质分解,影响氮素的正常代谢。磷在茄子整个生育过程中是需求量较小的一种大量营养元素,但磷能促进根系生长,尤其在寒冷地区栽培茄子,施磷的效果更加明显。磷可促进花芽分化,特别是对前期的花芽分化起到良好作用。磷充足,茄苗生育旺盛,花芽分化提早,着花节位降低,花芽分化数量增多;磷缺乏,花芽分化显著迟缓,着花节位明显提高。茄子对磷的吸收低于钾、氮、钙。当果实开始膨大时,尤其是进入收获盛期吸收量增大,但数量不多,只是平缓地增加。在茄子的各个器官中,以果实中含磷量最多,叶片次之,茎中较少。在果实膨大过程中,叶片中的磷可以转移到果实中去。

3. 钾 钾素可以促进茄子体内多种代谢过程,维持细胞的膨胀压,调节水分吸收,并且与光合作用、碳水化合物的积累和蛋白质的合成等许多生理过程有关。钾离子可保持叶绿体的正常结构。作为淀粉合成酶的活化剂,可以促进淀粉的合成。钾离子还可以促进氮代谢及蛋白质的合成。钾能增强茄子的抗旱、抗寒、抗病、抗倒伏的能力。钾又被称为"品质元素",钾的供应水平对茄子的品质有很大影响。钾素供应充足,可以使氮素得到充分利用,增加蛋白质含量,使茄子的品质得到改善。

钾可以使幼苗生长健壮。缺钾时,幼苗生长受到抑制,但不像缺氮、缺磷那样明显。钾对茄苗的花芽分化和花的形成影响不是很显著,但对果实的产量作用很大。茄子对钾的吸收从定植开始到收获结果吸收量逐步增加,到了收获盛期吸收量陡然上升。钾在茄子各个器官中的分布以叶片中最多,果实次之,茎中最少。在果实膨大期植株中其他部位的钾可以转移到果实,以满足其膨大的需求。缺钾,植株中、上部叶片叶缘黄化,叶片变小,叶脉失绿。

4. 钙　钙是构成细胞壁的重要元素,大部分的钙与多果胶酸结合成果胶钙,固定在细胞壁中,有助于细胞壁的形成和发育。钙能与蛋白质分子相结合,构成质膜的一部分,起到降低细胞壁的渗透性,限制细胞液外渗的作用。钙还是多种酶的活化剂,对碳水化合物的转化和氮代谢具有良好的作用。钙可以增加细胞内分裂素的含量,促进细胞的分裂与伸长。钙可以与茄子植株体内的有机酸结合成盐,防止植株受到伤害,并调节体内的酸碱度。钙对防止发生真菌病害也有一定的作用。植株缺钙后,首先是生长点和幼叶表现出缺钙症状,细胞壁溶解,组织变软,出现褐色物质,并积聚在维管束组织中,从而影响植株的运输机制。

5. 镁　镁是叶绿素的组成成分。镁充足,有利于叶绿素的形成,提高茄子的光合作用能力。镁离子可以活化多种酶,如糖类、脂肪和蛋白质等物质代谢和能量转化过程中的酶,促进光合碳水化合物的运转,促进物质代谢和能量转化过程。缺镁时,叶片的叶脉间变黄、失绿。出现缺镁症状时,可以叶面喷施 0.5%～1.0%的硫酸镁溶液,能有效地缓解缺镁症状。土壤过湿和土壤溶液浓度过高时,茄子容易出现缺镁症状。

6. 锰 锰与许多酶的活动有关,参与光合作用、氮的转化、碳水化合物的转移以及一些氧化还原过程。锰的重要生理功能之一是对光合的效应。锰是光合放氧系统的特有成分。锰还是维持叶绿体正常结构和功能的必需元素之一。

7. 锌 锌主要是通过对酶的作用,从而影响光合、呼吸、氮素代谢、激素合成以及茄子生长发育等多个方面。锌还影响叶绿素前体的转化,从而间接地影响叶绿素的形成。锌供应充足,茄子生长旺盛,抗寒能力以及果实中的糖、维生素 C 的含量都有提高。锌供应缺乏,叶绿素形成受阻,糖类积累减少,蔗糖、淀粉的含量降低。砂质土壤及碱性土壤容易出现缺锌现象。土壤中的高磷酸盐含量高,土壤中锌的有效性降低。另外,土壤锌的有效性与土壤中有机物含量有关。有机物含量高,锌的有效性降低,尤其是施用动物粪肥过多时易出现。但这不是有机质本身降低了锌的有效性,可能与某些微生物活动有关。植株缺锌后,植株叶脉间黄化或白化,叶片变小,类似病毒病的症状。缺锌对种子的产量影响很大。出现缺锌症状,可向土壤中施用硫酸锌或者叶面喷施 0.5%硫酸锌溶液。

8. 硼 硼是以完整的硼酸分子的形式被植株吸收。硼可以与游离的糖结合,使糖带有极性而容易通过质膜,加速糖的运转。硼对生殖器官有重要影响。缺硼,花粉发育不良,花粉萌发和花粉管生长受到抑制。硼在植株体内流动很小,所以缺硼时,症状首先表现在新生器官上,老器官中的硼很少运转到新生器官中去。硼的运输受蒸腾速率影响较大。蒸腾速度快,常会引起硼在叶尖或叶缘的积累。在有些情况下,硼积累到一定程度会引起毒害作用。在雨水充足、硼淋失严重的土壤以及碱性土壤中易缺硼。缺硼时，可以向土中施用含硼化合物，也可以进行叶面喷施硼酸或硼砂溶液。土壤施肥时，可将硼与土杂肥混合掺匀后沟施或撒施。

四、茄子的施肥技术

(一)确定施肥量

施肥量主要是依据目标产量、肥料利用率和土壤性质等因素而定。科学的施肥量应把相关的各种因素都考虑进去。如达到目标产量所需的养分量，定植地块中原有养分的供给量，基肥所能提供的养分量，追肥所能提供的养分量，肥料的利用率以及施肥方法等。下面举例说明：首先，根据试验测得的每生产 1 000 千克茄子的需肥量来确定目标产量的需肥总量。如目标产量为每 667 平方米产茄子 2 500 千克，则整个生育期需氮约为 8.25 千克，磷 2 千克，钾 12.75 千克；其次，测定土壤未施基肥以前土壤所能提供的养分含量，假定可以提供氮 3.5 千克；其三，算出所施基肥能提供的养分量，假定施入基肥 5 000 千克，含氮 0.3%，按利用率 20% 计算，则可提供氮 3 千克，由此，可以计算出需要补充氮的数量为：

$$8.25-3.5-3=1.75 \ 千克$$

其四，计算出需追施化肥的数量，如使用硫酸铵，含氮 20%，按利用率 33% 计算，则需施用硫酸铵 25 千克；若使用含氮 46% 的尿素，需施尿素 10.9 千克。但是土壤中原有的以及施用的基肥所提供的养分，需要不断地转化，才能被茄子吸收利用，而不像化肥那样能被迅速利用，所以计算出来的施肥量不能完全满足茄子进入结果期、特别结果盛期的需要。因此，在具体的生产过程中，施肥量一般掌握在计算施用量的 1.15～1.2 倍，最大量为 1.4 倍，基本上可满足结果期的需要。另外，不同的栽培方式,肥料的利用率也有所不同。如露地栽培,尤其夏季多雨季节,肥料流失严重,利用率常常不足 30%。

(二)施肥方法

基肥主要是在播种或定植时结合土壤耕作施用。基肥的施用方法主要有两种:一是铺施。定植前将所有的基肥撒施于地表,通过深耕,把基肥翻入地下。耕深比一般大田的要深,这样可以使基肥深施,有利于茄子根系向纵深发展。浅耕会造成浅根系,肥料利用率低,使茄子不耐旱,降低产量。尤其是磷、钾肥一定要深施。二是集中施用。为提高肥效,可将一部分基肥铺施,一部分基肥开沟条施,将肥料集中施在播种行或定植沟内。磷肥与有机肥集中施用,可以减少与土壤的接触面,防止被土壤大量固定,从而提高利用率。

追肥的施用方法主要有:

1. **条施或穴施** 条施,特别是穴施时,追肥的位置很重要。磷钾肥在土壤中移动性较差,开始追肥时应尽量靠近植株基部施用,以后逐渐向两侧移动。施肥深度要深一些,尤其是施用易挥发的肥料。施用完后立即覆土。结合追肥,进行浇水,以水助肥效,充分发挥肥料的作用。

2. **撒施** 用于撒施的肥料主要是化学性质稳定的氮肥。如硫酸铵、尿素等。撒施一般结合浇水进行。撒施方法简便,但肥料利用率低,多在条施或穴施对植株破坏较大的情况下才应用。

3. **根外追肥** 根外追肥通常也称叶面施肥。叶面施肥是根据植物根系吸收的矿质养分,同样可以从叶面进入植物体内的原理来进行的。叶片吸收营养物质一般分为 3 个阶段,先是营养物质通过气孔直接进入叶肉细胞,或者通过自由扩散渗入叶面表皮的角质层和纤维素壁,接着原生质膜表面对营养物质吸收，最后吸收的营养物质通过代谢能量的传递过程而进入细胞内，被植物利用。叶面施肥，营养物质直接进入植物体内，参与新陈代谢和有机物质合成，作用迅速，可以促进植株体内各个生理过程的进展，尤其是对新梢功能叶的提高更为明显。叶面施肥能消除因土壤施肥造成部分养分被土壤固定，而降低肥料有效性的缺点，提高了肥料利用率。

叶面施肥主要是在植株出现缺素症状而采取的一种补救措施。一般情况下叶面施肥的浓度在 0.05%～2% 之间，常用的肥料有尿素，磷酸二铵，磷酸二氢钾，硼砂，硫酸锌，硫酸镁，氯化钾，过磷酸钙浸出液，硼酸，硫酸亚铁，硫酸锰等。过磷酸钙浸出液的制作方法是：1.5 千克过磷酸钙，加水 5 升（要求 50℃ 左右的热水），不断搅动，放置一昼夜后，取上层澄清液，再加水 50 升，就可以配成 3% 的过磷酸钙浸出液。其他肥料加水按比例配成即可。叶面施肥一般用喷雾器喷洒，应注意叶片的正反面都要喷到，尤其是叶背面要充分喷施。喷洒时间最好在傍晚进行。

（三）施肥技术

1. 苗期施肥技术　苗期施肥的目的主要是培育壮苗，促进花芽分化，为丰产打下可靠的基础。据试验，每 10 平方米的苗床，施磷 0.15～0.25 千克，钾 0.25 千克，可提早开花 2～3 天。氮、磷、钾配合使用，其增产幅度可达 20% 以上。所以，苗期注重磷、钾肥的施用。按照正确的苗床床土配制方法配制苗床土，床土中的各种养分可以满足幼苗生长的需要，一般不需要再施用肥料。如幼苗后期出现脱肥现象，可喷施 0.2% 的磷酸二铵或尿素溶液，以补充养分的不足。也可以在幼苗期每隔 5～7 天喷施 1 次 0.2% 的磷酸二氢钾溶液或尿素溶液，能有效地促进幼苗生长。

2.露地栽培施肥技术 露地栽培茄子,一般有早春栽培和夏茬栽培两个茬口。

(1)露地早春栽培施肥技术

①重施基肥:施入足量的基肥是茄子获得高产的基础。基肥应以有机肥为主,配合施入适量的氮、磷、钾肥料。常用的有机肥有厩肥、饼肥、炕土、草炭、人粪尿等。有机肥营养全面,养分释放慢,肥效期长。常用的速效化肥有硫酸铵、尿素、硫酸钾、过磷酸钙等。过磷酸钙最好与有机肥一起堆沤后再用。基肥要充足,一般每 667 平方米施用腐熟好的有机肥 5 000～7 500 千克,再加入硫酸铵 10 千克,硫酸钾 10 千克。基肥施入后要深耕。也可将 2/3 的基肥铺施,深翻做畦后,另外 1/3 基肥施入定植沟内,有利于发苗。

②及时追肥:茄子定植后 5～6 天,植株有新叶生长,缓苗结束。缓苗期间不浇水、不追肥,主要是为了提高土温,促进发根。从缓苗到门茄"瞪眼"这一段时间,不宜多浇水,管理上以控为主,中耕 1～2 次,培土,进行蹲苗。到门茄"瞪眼",蹲苗结束,门茄进入膨大期,茎叶生长加快,此时要浇催果水,施催果肥。施肥最好用高质量的农家肥,如粪肥或饼肥,穴施。也可施用速效化肥,一般每 667 平方米施入硫酸铵 15～20 千克。农家肥中可掺入过磷酸钙。催果肥和催果水实施时间不宜过早或过晚。过早,果实尚未膨大,易引起茎叶徒长;过晚,会影响门茄的膨大。门茄采收后,对茄果实长到 4～5 厘米,进行第二次追肥。一般每 667 平方米施入硫酸铵 20 千克,或尿素 10～15 千克,硫酸钾 5 千克。施用尿素,覆土要厚一些,施用当天不浇水,待 2～3 天后尿素转化为植株可吸收状态时再浇水,肥效大而且尿素流失少,利用率高。沟施或穴施均可。当四门斗茄膨大到 4～5 厘米时,对肥水的需求达到高峰,应每

隔4～6天浇1次水,同时追肥。追肥最好选用氮、磷、钾复合肥或腐熟好的稀粪肥。一般每次追施复合肥10千克,或稀粪肥1 000千克。此时,茄秧分枝增多,早已封垄,沟施或穴施都会对植株造成伤害,所以采用随水冲施的施肥方法较好。

(2)露地夏茬栽培施肥技术　夏茬茄子栽培应选择前茬作物非茄果类蔬菜的地块。土壤质地最好是砂壤土或壤土,一般不要选土壤较粘的地块,否则,夏季高温多雨很容易造成田间积水而发生沤根。前茬作物收获后,及时深耕,争取一个较长的晒垡时间。整地前,应重施基肥,一般每667平方米施入腐熟好的有机肥8 000千克左右,并配合做畦时再集中施入少量优质的有机肥,如饼肥和粪干。也可用氮、磷、钾复合肥,一般每667平方米施入15千克即可。定植后,环境气温高,光照强,缓苗期间要加强管理。缺水时要适当浇水,下大雨后要及时排水。但此期一般不需追肥。缓苗结束后,及时中耕除草、培土,便于排水和防止倒伏。由于夏季雨水多,浇水的次数也多,很容易造成养分的流失,所以追肥时应少量多次。门茄坐住后追1次催果肥,每667平方米施入硫酸铵15千克,或腐熟好的大粪稀1 000千克。门茄采收后,再追施1次肥,每667平方米施入硫酸铵20千克,硫酸钾5千克。以后可以每隔4～6天追施1次肥,每次施入硫酸铵10千克,或大粪稀800千克即可。也可利用茄子可以更新的特点,利用这一茬茄子更新1次。具体做法是:当四门斗茄子采收完后,从茄棵基部离地面10厘米处剪断,主干1周左右就可发出新枝。剪枝后要及时追肥,浇水。因茄子根系较深,可在茄子根部的附近用木棍打眼进行追肥,每667平方米追施尿素15千克,然后浇水。以后每隔10天左右浇1次水。第一个茄子坐住后再追施10千克尿素和10千克硫酸钾。也可适当追施部分饼肥和粪干。以后可每隔10天浇1次水,并随水追1次肥,每次量不要大,硫酸铵10千克即可。

3. 保护地栽培施肥技术

(1)塑料大棚栽培的施肥技术 塑料大棚茄子主要进行早春栽培,育苗多采用日光温室电热温床育苗。苗床土的配制如前所述。茄苗长到4～5片真叶时,如果下部叶片颜色较淡,表明茄子缺肥,可叶面喷施0.1%～0.2%的磷酸二氢钾或尿素溶液。当幼苗长到8～9片真叶,出现花蕾时定植。塑料大棚早春茄子栽培可在新棚里进行,也可以在旧棚里进行,但旧棚与新棚的施基肥量应有所不同。因为旧棚比新棚土壤中残留的养分多。新棚的基肥量要多一些。经测定,一般情况下,旧棚土壤中氮素过剩,磷肥较多,钾肥缺乏。所以旧棚施基肥时要加入钾肥,以补足钾的不足。通常情况,每667平方米新棚施用充分腐熟的有机肥6 000千克;旧棚施用4 000～5 000千克,再加施20～30千克硫酸钾。整平土地,定植。定植后至开花着果期不需要施肥。栽培管理上主要是加强温度管理,促进茄苗生长。开花着果期,茄秧粗壮,节间短,叶片大,花蕾大,根系发达,表明肥料充足;反之,茄秧细弱,叶小,色淡,花蕾小,表明肥料缺乏。此时,可叶面喷施0.2%的磷酸二铵或尿素溶液,补充养分。门茄坐住后,每667平方米追施硫酸铵20千克,或尿素15千克,沟施、穴施均可。门茄采收后,可随水冲施腐熟好的大粪稀1 000千克,或尿素15千克。对茄进入采收期,表明结果盛期的到来。应每隔1周浇1次水,每隔1次水施1次肥,有机肥和化肥交替使用。施用量为硫酸铵15～20千克,或大粪稀800～1 000千克。对茄采收后要加施硫酸钾10千克,以补充土壤中钾素的不足。

(2)日光温室栽培施肥技术 日光温室茄子栽培的茬口

安排主要有:秋冬茬、冬春茬、春提早以及冬提早大茬栽培。

日光温室秋冬茬茄子栽培一般是 6 月份育苗,露地生长一段时间,结果后,气温下降再扣棚进行保护地冬季生产。秋冬茬茄子栽培育苗一般在荫棚下露地高畦中进行,高畦四周开排水沟。苗床土配制同前。育苗时不宜盖地膜,防止地温过高伤苗。这茬茄子栽培的生长时间较短,基肥施用量可少一些,每 667 平方米施优质有机肥 3 000 千克,加施硫酸钾 20 千克。茄苗长至 5 片真叶时定植。缓苗期不需施肥,主要是防止涝害。要加强中耕。开花着果期一般不施肥,不浇水。一半左右的门茄坐住后,进行第一次追肥,每 667 平方米沟施或穴施氮、磷、钾三元复合肥 25 千克。追肥后浇水,水量不宜过大。当外界气温降至 10℃ 左右时进行扣棚。此时,正处于结果前期,促秧攻果是栽培管理的主要任务。一方面尽量创造适宜的温度条件,另一方面保证肥、水的供给。门茄采收后,每 667 平方米随水施尿素 15 千克,或硫酸铵 20 千克,或腐熟好的大粪稀1 000 千克,硫酸钾 10 千克。进入结果旺盛期时,外界气温已经很低,秧苗的生长趋于缓慢。此时,加强温度管理,尽量创造适宜茄子生长的温度。对茄采收后,每 667 平方米施尿素 15千克,或硫酸铵 20 千克,或大粪稀 1 000 千克。施肥后浇水,水量不宜大。生长后期,可以不追肥,只进行叶面施肥。每隔5～7 天喷施 0.2% 的磷酸二氢钾或尿素溶液。缺肥严重时,可随水冲施大粪稀 800～1 000 千克。四门斗茄采收后拉秧。

日光温室冬春茬茄子栽培一般是在 9 月中下旬至 10 月上旬育苗,定植时间在 11 月中下旬至 12 月下旬,进入结果期正值最寒冷的翌年 1～2 月份,培育壮苗是关键。育苗时,气温较高,幼苗可在地床上培育。营养土的配制方法同前。当秧苗长有 8～9 片真叶时定植。由于苗期较长,幼苗长有 4～5 片真叶后可能出现脱肥现象。出现脱肥,叶面喷施0.2%的磷酸二铵或尿素溶液即可。定植前1周,每667平方米施腐熟的有机肥6000千克,再加施硫酸钾20千克,深翻整平土地。如果土壤比较粘重,可加施适量的马粪,加以改良。定植时一次浇足定植水。缓苗期不浇水,不施肥。当门茄"瞪眼"时,浇1次水,施1次肥。每667平方米施尿素15千克。门茄"瞪眼"以前追肥浇水,根发不好,容易引起秧苗徒长,门茄易脱落,上市晚。门茄采收后,结合浇水,追施氮、磷、钾三元复合肥25千克。进入结果盛期,应每隔6~7天浇1次水,每隔1次水追1次肥。有机肥和化肥交替使用。一般每次追施大粪稀1000千克或硫酸铵20千克,或尿素15千克。追施大粪稀要注意放风,不能过量,要充分腐熟好,稀释均匀,以防烧根和发生氨害。当外界气温稳定在10℃以上时,可撤掉草苦,达到17℃时,可撤掉棚膜,进行露地栽培。

日光温室春提早茄子栽培,育苗期是一年中最冷的季节,所以多采用日光温室电热温床育苗。播种至分苗前一般不浇水,不施肥。当小苗有2片真叶时,进行分苗。苗子长到4~5片真叶时,下部叶片颜色较淡,可喷施0.2%的尿素或磷酸二铵水溶液。定植一般在2月中旬至3月下旬,大苗定植。定植前,每667平方米施入优质的腐熟好的有机肥5000千克。深翻整平土地,起垄,等待定植。定植后缓苗期一般不浇水,不追肥。在开花着果期,要适当控制水分,干旱不明显不浇水,也不需施肥。如果花较小,又不鲜艳,秧苗茎细,表明秧苗体弱,缺肥,可叶面喷施0.2%尿素或磷酸二铵溶液补充养分。门茄坐住后,每667平方米施入三元复合肥20千克。门茄采收后,结合浇水,每667平方米施入尿素15千克或硫酸铵20千克。对茄膨大时,结合浇水,施入尿素15千克,或随水冲施大粪稀

1 000千克。以后要每隔6～7天浇1次水。半月左右随水施1次肥,尿素、硫酸铵或大粪稀均可。当外界气温稳定在17℃以上时,可撤去棚膜,进行露地栽培。

(3)二氧化碳施肥技术　冬季保护地茄子栽培,由于栽植密度较大和实行密闭管理,通风量小,常常出现室内二氧化碳不足的问题。二氧化碳不足,叶片光合效率下降,影响产量。所以要进行二氧化碳施肥,以保证茄子在适宜的二氧化碳浓度下进行光合作用。室内二氧化碳浓度最高时为日出前,可达0.06%;日出后,室内二氧化碳浓度,迅速下降,到中午时浓度最低,常下降到不足0.01%,严重影响光合作用。增施二氧化碳肥的主要方法有:

①有机质发酵法:定植前多施有机肥或在室内放置大缸,缸内放动物的蹄角、皮毛及豆饼等进行发酵。也可在茄行中间套种食用菌,这样可释放出二氧化碳。此法操作简便,但二氧化碳释放量不足,有时会有有毒气体产生,引起毒害。

②燃烧法:通过燃烧石蜡、煤油、天然气、木炭、煤炭等产生的气体经过过滤器净化,除去有毒气体,把二氧化碳气体施入室内。此法原料充足,但很难把有毒气体全部净化掉。

③化学法:利用碳酸氢铵与硫酸的定量反应,产生定量的二氧化碳。化学法产生的二氧化碳充足,而且无有毒气体产生。但此方法反应较快,浓硫酸的稀释操作要求严格,实施人员需要经过事先培训。现在大部分日光温室进行二氧化碳施肥均用此法。

另外,城市近郊可用特制的钢瓶盛放酒精厂制造酒精产生的二氧化碳,定时定量施用,但常常货源不足。近几年兴起的二氧化碳颗粒气肥,因施用简便,增产效果显著,受到广大菜农的欢迎。二氧化碳颗粒气肥一般呈颗粒状,也有制成柱状.沟施或穴施在土壤中,肥料湿润后,发生反应,缓缓放出二氧化碳。反应完的残留物为化肥。其不足之处在于二氧化碳的释放无法控制,释放的二氧化碳量也不充足。

第七章　辣椒施肥技术

辣椒原产于中南美热带地区,茄科辣椒属。17世纪40年代传入我国,至今已有300多年的栽培历史。辣椒在我国各地普遍栽培,年种植面积约140万公顷,年产量居世界首位。辣椒的类型和品种较多,根据有无辣味可分为带辣味的和不带辣味的两大类;从果形上看,有牛角椒,羊角椒,线椒,灯笼椒,樱桃椒等多种;从果色上看,有绿色,黄色,红色和紫色等多种。华北、华东以及东南沿海以栽培甜椒为主;西南、西北、中南以及华南以栽培带辣味的辣椒为主。近几年,北方对辣椒、南方对微辣型辣椒的需求明显增加。

辣椒果实营养丰富,含有多种人体必需的维生素、无机盐、纤维素、蛋白质、微量元素等营养成分。辣椒食用方法多样,可以鲜食,也可干贮。鲜椒可以炒食、生吃、腌渍、做泡菜及凉拌等;干椒可以制成辣椒粉、辣椒酱、辣椒油等。干红辣椒是我国重要的出口创汇农副产品。

辣椒传统的栽培方式主要是露地栽培。但由于病虫害多、品种老化等原因辣椒露地栽培的产量和经济效益有下降趋势。近几年来,科研人员培育了许多辣(甜)椒优良品种,如中椒系列、湘研系列、苏椒系列、甜杂系列等均有较好的抗病、高产特性,加上保护地栽培技术的不断完善,极大地促进了辣椒的生产,产量和经济效益有了很大的提高。在辣椒主产区,基本实现了辣椒的周年生产,周年供应,丰富了广大城乡人民的菜篮子,增加了菜农的收入。

但是,在辣椒生产中,存在着诸如保护地设施结构不合理,土壤盐渍化严重,市场信息不畅通,栽培技术不均衡等问题,在一定程度上阻碍了辣椒的生产。针对这些问题,增加保护地设施的投入和高科技含量,综合运用栽培、植保、化控、配方施肥以及贮藏保鲜等新技术,优化生产模式,加大新品种、专用品种的选育力度,是今后辣椒生产的主导方向。

一、辣椒的生物学特性

(一)根

辣椒的根分主根、侧根、支根和毛根,与番茄相比,根量少,入土浅,再生能力差,茎的基部不易产生不定根。侧根从主根两侧整齐生出,侧根上生支根,支根上再生小根毛。辣椒的主要根群分布在30厘米的土层内。

根的作用主要是从土壤中吸收水分及无机营养。辣椒植株的生长及果实形成所需的大量水分及无机营养都是由根从土壤中吸收来的。根还可以合成氨基酸,然后输送到地上部分。主根和支根还有固定植株、支持主茎不倒伏的作用。

各个部位根系吸收能力有所不同。较老的木栓化根只能通过皮孔吸收水分,吸收量也较少。幼嫩的根和根毛是吸收的主要器官,吸收快,吸收量也大。合成作用也是在新生根的细胞中最旺盛,所以育苗和栽培时要促使辣椒不断产生新根,发生根毛。辣椒根系对氧气的要求比较严格,不耐旱,又怕涝,必须选择疏松透气性良好的土壤,增施有机肥,才能获得丰产。

辣椒的根具有喜温性,土壤温度较高时,根系吸收能力和生长能力加快;土壤温度较低时,吸收能力减弱,根系生长不良而易引起病害。

（二）茎

辣椒的茎直立，腋芽萌发力较弱，株冠较小，适于密植。茎端出现花芽后，以双杈或三杈分枝继续生长。辣椒的主茎高15～30厘米。主茎分生分枝和叶。着生叶的部位叫节，每节生1片叶。分枝也起上连下接和输送水分和养分的作用。辣椒的分枝可分为无限分枝和有限分枝两种类型。无限分枝型辣椒在生长季节可无限分枝，绝大多数栽培品种属此类型。

（三）叶

辣椒的叶片有两种，即子叶和真叶。种子发芽后首先露出地面的两片窄长状的叶子为子叶，以后长出的叶片称真叶。子叶出土前呈黄色，出土后由于阳光照射变为绿色。子叶靠自身的养分生长，出土后产生叶绿素进行光合作用、制造养分供幼苗生长，所以子叶必须保护好。

真叶着生在主茎和分枝节上，由叶柄和叶片两部分组成。辣椒的叶为单叶，互生，呈卵圆形或长卵形，无缺刻，绿色。但叶色因品种不同深浅各异。氮充足时，叶形长；钾充足时，叶片较宽；氮过多，叶柄长，嫩叶凹凸不平；土壤干燥时，叶柄弯曲，叶身下垂；土壤湿度过大，整个叶片下垂。所以，叶色、叶形的变化是辣椒肥水管理的重要标志。叶片是制造有机养料的工厂，具有光合作用、蒸腾作用和吸收作用。

（四）花

辣椒的花为两性花，花较小，一般为白色。无限分枝型品种多为单花，有限分枝型品种多为簇生花。花萼小，花冠绿白色，花萼基部连成筒，呈钟形。花冠内有雌蕊1枚，雄蕊5～7枚。花药长圆形，浅紫色。子房2～4室。开花受精后4～5天花冠萎蔫脱落。花基部有蜜腺，可吸引昆虫，异交率在10％以上,属常异交植物。

植株营养状态影响花柱的长短。营养不良,短柱花增多,落花率增高;营养良好,花朵大,花柱长,开花下垂。主枝及靠近主枝的侧枝营养条件较好,花器正常;而远离主枝的侧枝则营养状况较差,中柱花及短柱花有时较多,落花率也较高。因此改善栽培条件,培育健壮的侧枝群,是提高坐果率、获得高产的关键措施。

辣椒属于中光性植物,日照时间长或短均可开花结果,但长日照对花芽分化有促进作用。光照强弱对花芽分化的影响不十分明显,但是,光照过弱会使幼苗同化功能降低,植株营养不良,从而引起落蕾落花。

(五)果　实

辣椒的果实为浆果,果皮与胎座组织往往分离,形成较大的空腔。细长果实多为2室,圆形或灯笼形果多为3~4室。成熟果皮中含有茄红素、叶黄素及胡萝卜素。黄果中主要含胡萝卜素。果皮、肉质厚度因品种而异,一般厚0.1~0.8厘米。种子多数着生在胎座上。

果实形状多样,因品种不同而不同,通常有灯笼形,长羊角形,圆锥形,指形,线形,樱桃形等。

(六)种　子

成熟的辣椒种子呈短肾形,扁平,浅黄色,有光泽,采种或保存方法不当时多为黄褐色。种皮有粗糙的网纹,较厚,发芽较困难。千粒重4.5~8.0克。平均发芽能力年限为4年,生产使用年限为2~3年。

二、辣椒对环境条件的要求

(一)对温度条件的要求

辣椒属喜温性蔬菜,不同的生长发育时期,对温度的要求不同。一是发芽适温稍低于茄子,却显著高于番茄,以 25～30℃为宜,低于 15℃不能发芽。二是幼苗要求较高的温度。温度低,同化物质生产量少,生长缓慢。白天保持在 20～22℃,不超过 25℃,夜温以 15～18℃为宜。三是随着植株的生长,对温度的适应能力逐步加强。茎叶生长发育白天适温 27℃左右,夜温 20℃左右。在此温度条件下,茎叶生长健壮,既不会因温度太低而生长缓慢,也不会因温度太高而使枝叶生长过旺,影响开花结果。四是辣椒花芽分化适温白天为 27～28℃。植株开花授粉适温为 20～27℃,低于 15℃植株生长缓慢,难以授粉,容易引起落花、落果。即使坐住果,幼果也不肥大,极易变形。温度高于 35℃时,花器发育不全或柱头干枯不能受精而落花。即使受精,果实也不能正常发育。所以,高温的伏天,特别是气温超过 35℃时,辣椒往往不坐果。35℃以上的高温,再加上湿度大,还会造成植株茎叶徒长。五是开花结果期,要求白天温度21～28℃,夜间15～20℃。果实发育和转色期,要求白天温度25～30℃,夜间 18～20℃。所以冬季保护地栽培的辣椒常因温度过低而变红很慢。

辣椒成株对高温和低温的适应能力,不同品种之间,有较明显的差异。一般小果型品种要比大果型品种更具有耐热性。从总体上看,辣椒对温度的适应范围比较广,整个生长期间的温度范围为 12～35℃,低于 12℃就要盖膜保温,超过 35℃就要放风、浇水降温。

（二）对水分条件的要求

辣椒对水分的要求比较严格，既不耐旱，也不耐涝。单株需水量并不多，但由于根系不发达，需要经常浇水才能生长良好。一般大果型的甜椒品种，比小果型的辣椒品种对水分的要求更为严格，尤其是盛果期，如浇水及时适当，则果肉肥厚，鲜嫩，产量高；如浇水不及时，水分不足，则极易引起落花落果，果实膨大慢，果实小，果皮会出现皱褶，易形成畸形，少光泽，影响产量和质量。

辣椒在各个生育期的需水量有所不同。种子发芽需要吸收一定量的水分，但辣椒种子的种皮较厚，吸水慢，所以催芽前先要用温水浸泡种子，使其充分吸水，促进发芽。幼苗期植株尚小，需水量少。土壤水分过多则根系发育不良，植株生长受阻。定植后，植株生长量加大，需水量也随之增加，但仍要适当控制水分，以利地下根系的生长发育。坐果期，需水量增加，特别是果实膨大期，更需要充足的水分。当土壤含水量相当于田间持水量的55％时，坐果率可高达90％以上；而土壤含水量相当于田间持水量的15％时，坐果率仅为53.8％。所以，在此期间供给足够的水分，是获得优质高产的关键措施之一。

辣椒对空气湿度也有一定的要求。空气湿度过大或过小，对幼苗生长和开花坐果影响很大，一般空气湿度以60％～80％为宜。幼苗期，空气湿度过大，容易引发病害流行。初花期，空气湿度过大，会造成落花，但空气过于干燥，也会引起落花。保护地栽培辣椒，是生长在一个相对密闭的环境中，空气湿度过大，极易引发病害。这就要求采取措施，控制好土壤水分和空气湿度，通风是降湿的主要措施。另外，采用地膜覆盖，膜下暗灌，用烟雾剂防治害虫等，均可有效地降低保护地内的空气湿度，减少病虫害的发生。

(三)对光照条件的要求

辣椒为中光性植物,对光周期要求不十分严格。只要温度、水分适合,营养条件良好,光照时间的长或短,对开花、花芽分化及坐果没有十分明显的影响。但在较长的日照和适度的光强下更能促进花芽的分化和发育,开花结果较早。辣椒的光饱和点为3万勒,光补偿点为1 500勒。如果光照过强,反而对辣椒生长不利,易引起日灼病。如果光照低于补偿点时,则容易落花、落果或果实畸形。

辣椒不同的生育期对光照度的要求不同。种子有厌光性,发芽时不需光照。幼苗的生长发育则需要良好的光照条件。光照不足,幼苗节间伸长,含水量增加,叶薄色淡,抗逆性差。定植以后茎叶的生长发育与光照有密切关系。与其他果类蔬菜相比,辣椒属于耐弱光的作物。光照过强不但不能提高植株的同化率,而且会因强光伴随高温而影响其生长发育。同时,由于光呼吸的加强而消耗更多的养分。所以,这一时期,适当地降低光照强度反而会促进茎叶的生长。但光照强度降低太多,会降低同化作用,茎叶发育不良,影响产量。开花着果期需要充足的光照,保证较高的同化率,促进果实的正常膨大。如果遇上连阴天,光照减弱,开花数减少,坐果率降低,果实的膨大速度也减慢。严重情况下,会引起落果。

(四)对土壤条件的要求

辣椒对土壤的要求不十分严格。小果型辣椒品种对土壤的适应性较强,比较耐瘠薄;大果型辣椒品种对土壤条件的要求较高。粘质土壤保水、保肥能力强,但排水和透气性较差,辣椒定植后,前期地温上升慢,缓苗延迟,但有后劲。沙质土壤排水和透气性好。定植后地温上升快,发棵早,但保水保肥能力差,生长后期易出现早衰现象。土层深厚、富含有机质、排水条件良好、保水及透气性较好的砂壤土最适于辣椒的生长。辣椒根系好氧性强,对土壤中氧气的要求较为严格,所以地势低洼、地下水位较高、土壤板结、透气性不好的地块不适宜种植辣椒。辣椒对土壤的酸碱度要求为 pH 在 6.2～8.5 之间,过酸或过碱都不利于辣椒生长。过酸的地块可以施用适量的生石灰加以改良。

辣椒忌连作。栽培地块最好不要选上茬作物为茄科类蔬菜,尤其是不要选上茬栽培辣椒的地块。保护地栽培辣椒,有时不可避免要重茬。解决的办法:一是换土。1 个大棚的栽培层的土一次全部换完,工作量很大,常常难以完成。实际生产中可视情况,一次换 1/2 或 1/3 的土,这样可以有效地减少因重茬栽培而引起的病害。二是进行土壤消毒。用 70％的五氯硝基苯与福美双 1：1 混合,均匀地撒在地表,然后深翻,加盖棚膜,使棚内温度达到 50℃左右,可以杀死土中大部分病菌。在换土的基础上再进行土壤消毒,效果更佳。

床土是秧苗生长的基础,培育壮苗,必须配制好育苗床土。育苗期间,由于苗床单位面积的苗量大,需要较多的矿质营养,而秧苗根系弱,入土浅,吸收能力差,因此促进根系发育是培育壮苗的关键。苗床土要求富含有机质和矿质营养元素,疏松而不散,通透性强,保水性好,保温能力强,无病菌害虫。传统的苗床土配制是用菜园土与有机肥按比例配制而成。菜园土多年种植蔬菜,虽然土质疏松,物理性能好,土壤肥沃,但含病菌较多,用作床土前要进行严格的消毒,否则苗期很易发生如猝倒病、立枯病等多种苗期病害。近年来不提倡用菜园土配制营养土,提倡用未种过菜的大田土壤配制。大田土以砂壤土为佳。常用的有机肥有草炭、食草性牲畜粪、大粪干、饼肥、炕土等。我国草炭资源丰富,是有发展前途的好原料。草炭质地疏松,总孔隙度可达 90％,重量轻,容易搬运。草炭富含腐殖酸,对土壤养分的转化、植株的呼吸和酶活性均有良好的影响。草炭中不含病菌和杂草种子。草炭挖出后,要经过冬天冻结,第二年才能使用。

常用的营养土配制方法有:腐熟的马粪或大粪干 30％,田土 20％,草炭土 50％;肥沃田土 60％,腐熟好的马粪 40％。每立方米床土中再加入过磷酸钙 1 千克,草木灰 5 千克,腐熟好的大粪或鸡粪 30～50 千克;腐熟的马粪 40％,其他有机肥 20％,田土 20％,锯末 20％;腐熟好的马粪 60％,大粪干 10％,田土 30％。土壤质地较为粘重的,营养土中可加入 10％～20％的细沙,以降低营养土的粘度,提高土壤的通透性。移苗床土的配制,可用 50％的田土,25％的腐熟好的有机肥,25％腐熟好的马粪混合而成,另外每立方米营养土中加入 3 千克速效化肥。

配制营养土时,一定要将土、粪打碎,过筛,混合均匀。配好的营养土可铺于耙平的育苗畦或温床内。也可将营养土装入塑料钵、塑料筒、纸钵中,制成营养钵。也可将配制好的营养土,加入适量的水,装入压制机内压制成块,或将营养土加水拌成泥状,铺在整平的畦内,厚 10 厘米左右,用木板抹平,按苗距切成方块,每个方块就成为营养土块。用营养土块育苗,可以带土移动,调整苗距,有利于培育壮苗。

如果用老菜园土配制营养土,配制好后,需要进行苗床消毒。消毒方法主要有:每平方米苗床,10 厘米厚的苗床土,用 50％多菌灵 4～5 克加 100 倍的水溶解后均匀喷洒在苗床上,喷药后盖塑料薄膜密封 2～3 天,然后揭膜通气;或用 40％的甲醛,加水 50 升,将床土刨松,随喷药随拌合,药和土拌匀后加盖塑料薄膜密封 2～3 天,待药味挥发完后再铺平;也可用

50％代森铵,配成 300～400 倍药液,浇于苗床表面,每平方米浇 3～5 千克。

三、辣椒的需肥吸肥特点

(一)辣椒各个生育期的需肥吸肥特点

1. **发芽期** 种子的萌发主要是靠种子本身贮藏的养分,与之相关的主要环境为温度、水分、氧气状况等因素。土壤中养分的含量是次要因素。只要环境温度适宜,水分充足,不缺氧,在无肥的情况下仍能正常发芽。

2. **幼苗期** 幼苗出现第一片真叶,表明由异养生长转向自养生长。幼苗通过根系,吸收床土中的矿质营养来满足生长发育的需要。出现 4 片真叶,花芽分化开始,营养生长和生殖生长开始同步进行,协调好二者的关系是管理的重点。只有好的营养生长,才能有好的生殖生长。所以,培育壮苗是花芽分化良好、获得高产的关键。幼苗虽然吸收养分的总量不大,但要求营养成分全面,氮、磷、钾充足。养分全面且充足,幼苗生长旺盛,叶面积大,花芽分化提早;反之,花芽分化延迟。但如果吸收氮、磷、钾过多,易引起幼苗徒长。按正确方法配制的育苗床土,床土中的营养全面,能够完全满足幼苗正常生长的需要。在温度、水分等条件适宜的情况下,不会因养分过多而引起幼苗徒长。

3. **开花结果期** 辣椒的开花结果期虽然比较长,但由于分枝量比番茄少,生物产量和目标产量也远不如番茄,所以营养生长与生殖生长的矛盾不是很突出,二者的关系比较容易协调。果实采收前,辣椒的根系比较弱,吸收能力不强,应轻浇水,少施肥,早追肥。追肥以速效氮肥为主,配合适量的磷、钾肥。辣椒对氮素的吸收量与果实的产量呈正相关,随着果实产量的增加,对氮素的吸收量也不断增加。辣椒对磷的吸收,也是随着生长发育的进展而增加的,但生育前期的吸收量与生育后期差别不明显。吸收磷素的总量约为吸收氮素的1/5。辣椒对钾素的吸收是从果实采收时开始明显增加的。如果土壤中钾素不足,叶片就会出现缺钾症状,坐果不良,产量下降,品质变劣。进入果实采收盛期,对镁素的吸收量迅速增加,如果镁素不足,叶脉黄化,表现出缺镁症状。

(二)辣椒对各种营养元素的吸收

辣椒的生长,需要从土壤中吸收多种营养元素。从吸收量上来看,吸收钾素最多,氮素次之,磷素第三。另外,对钙、镁、硼等元素的吸收量也较大。据测定,每生产 1 000 千克果实,需要吸收氮为 2.5～3.5 千克,磷 0.4～0.8 千克,钾 4.5～5.5 千克,钙 1.5～2.0 千克,镁 0.5～0.7 千克。辣椒植株各个部位所含养分的浓度是不同的,以叶片中最高,果实中次之,茎和根中最低。辣椒定植后 40～48 天,各个器官中氮的浓度达到最大值,以后逐渐下降。钾的浓度变化与氮基本相似,磷的浓度在叶和果实中的变化很小,在根、茎中则随着生长而逐步下降。钙在茎中的变化较小,到生长中期,叶片中钙的浓度达到最大值。镁在茎、叶中的浓度,在生长初期较高,生长后期逐渐减少,而在果实中的变化较小。

辣椒的生长需要多种营养元素,在整个生育过程中,不仅对各种营养元素的吸收量不同,而且,各种营养元素对辣椒的生理作用也各不相同。

1. 氮　氮素对辣椒茎、叶的生长,花芽的分化以及果实的生长发育都具有重要作用。首先氮素可以促进辣椒植株体内叶绿素的形成,增强辣椒的光合作用。其次氮素可以促进辣椒体内蛋白质和核酸的合成,加速辣椒的生长发育进程。再次,氮素是辣椒体内的酶、维生素、植物激素、磷脂等多种物质的组成部分,对许多物质的转化具有重要影响,是对辣椒生长发育和产量影响最大的元素。

氮素主要以铵态氮和硝态氮的形式被辣椒吸收到体内,然后通过氨化和硝化作用合成氨基酸、蛋白质等物质,参与辣椒体内一系列生理活动。

辣椒从生育初期到果实采收,不断吸收氮素,产量与氮的吸收量在一定范围内呈正相关。另外,辣椒的辣味与施用氮肥量有关,施用氮肥过多会降低辣椒的辣味。所以生产干制红辣椒时,要适当降低氮肥的施用量,增加磷、钾肥的比重。缺乏氮素时,植株生长发育不良,叶片黄化,严重时会出现落花落果现象。氮肥施用过量时,营养生长过旺,果实得到的营养少,钙的供应减少,易发生脐腐病。苗期施氮过多,植株易徒长,花芽分化不良。

2. 磷　磷素在构成植株体、调节代谢和增强辣椒抗逆能力等多方面起着重要作用。磷是辣椒体内许多重要物质的组成成分,如磷是核酸的必需元素,是磷脂、腺苷三磷酸的组成成分,磷还是一些酶的组成成分。磷作为辣椒体内多种代谢过程的调节剂,参与植株体内糖类、含氮化合物和脂肪等物质及能量的代谢过程。辣椒体内碳水化合物的合成、分解、互变以及转移等过程中,都需要磷酸的参加。磷还可以通过参与调节氮代谢过程中有关酶的合成而影响氮的代谢。磷能增加原生质的粘性,降低细胞水分蒸腾,促进根系发育,提高植株体内可溶性糖的含量,使细胞液浓度升高而冰点下降,保持原生质酸碱度的稳定,从而提高辣椒的抗旱、抗寒、抗盐、抗酸、抗病能力。缺磷时,植株下部叶片叶脉发红,磷过剩时,叶片尖端白化干枯,并出现许多小麻点。幼苗期缺磷,生长发育不良,花芽分化迟缓,产生的花数少,形成的短柱花较多,严重影响产量。

3. 钾　钾不是植株体的组成成分,主要是参与体内的多种代谢作用,对提高辣椒的产量,改善果实品质,增强辣椒的抗逆能力起着重要作用。钾可以促进辣椒体内各种代谢过程。钾离子可以降低二氧化碳扩散的气孔阻力和叶肉阻力,促进二磷酸核酮糖羧化酶的合成。钾离子可以促进蔗糖磷酸合成酶的合成,提高酶的活性,加快蔗糖往韧皮部的输送过程。钾离子还可以促进氮代谢及蛋白质的合成,参与硝酸根离子的吸收和运输,参与氨的同化。钾离子可以维持细胞的膨压,调节水分的吸收。保卫细胞中钾离子浓度的变化从而影响气孔的开闭。钾对叶片的光合速率也有明显的影响。

钾充足时,可以明显增强辣椒的抗性。因为钾可以使细胞的持水能力加强,从而增强辣椒的抗旱能力。钾可以增加辣椒体内糖的储备,提高细胞的渗透压,从而增强辣椒的抗寒能力。钾还可以增加辣椒茎、叶中纤维素的含量,促进维管束的发育,使厚角组织加厚,从而增强辣椒的抗病抗虫能力。

钾又被称为"品质元素",可以使辣椒体内氮素营养得到充分的利用,增加蛋白质的含量,可以增加辣椒果实中的糖和维生素 C 的含量,从而提高果实的品质。

辣椒对钾的吸收,在生长发育初期比较少,果实采收后大量增加。结果期如果土壤中钾的供应量不足,植株会出现缺钾症状,落叶增多(尤其是老叶),坐果率降低,果实的品质明显下降。如果根系吸收过多的钾,会抑制对钙、镁等元素的吸收,植株表现出缺钙、缺镁症状。

4. 镁　镁一部分通过化学作用掺和到有机物中,一部分以离子状态存在于辣椒植株的体内,对辣椒的光合作用、呼吸作用以及氮素代谢具有重要的作用。镁可以增强辣椒的光合作用。镁是叶绿素的重要组成成分,镁充足,有利于叶绿素的形成。镁离子与钾离子可以活化二磷酸核酮糖羧化酶等多种酶,促进光合碳同化以及光合产物的运转。镁离子还是许多酶的活化剂,在能量转化中起着重要的调节作用。缺镁时,首先表现为叶片失绿,叶脉间黄化,基部叶片脱落严重,植株矮小,坐果率降低,品质下降。

5. 钙　钙是构成质膜和细胞壁的重要元素。细胞壁的细胞间层主要是由果胶酸钙组成。钙还影响质膜结构的稳定性,对膜的透性、离子的运转等都有一定的效应。钙能增加细胞内细胞分裂素的含量,延缓辣椒的衰老。钙还可以增强辣椒抗逆能力。细胞壁的胞间层中含钙量高,可以抑制真菌侵入时产生的多果胶酶等对细胞壁和质膜的破坏作用,从而增强辣椒的抗病性。缺钙,细胞分裂不完全,易形成多核细胞。植株生长迟缓,衰老快,果实易得脐腐病。

6. 硼　硼主要是以硼酸分子的方式通过根系吸收。硼在糖的合成和运输中起重要作用。硼可以与游离状的糖结合,使糖带有极性而容易通过质膜,促进糖的运转。硼对生殖器官的发育有重要影响。硼还有抑制有毒酚类化合物形成的作用。硼供应不足,糖的运输受阻;花药细胞分裂不正常,花粉发育不良,花粉萌发和花粉管的生长受到显著抑制;酚类化合物大量积累,使根尖或茎端分生组织受害,严重时中毒死亡,影响植株生长。另外,蛋白质的合成、核酸的合成、生长素的含量的增减都与硼有关。

植物缺少某种必需营养元素会产生缺素症,影响植株的生长发育,降低产量。同样,某种元素过多时,会因比例失调而产生中毒现象,影响植株生长。例如,氮素过多时,使铵离子在植株体内积累,影响葡萄糖转化为蔗糖,使果实糖度降低,同时氮素过多又会抑制钙、镁和钾的吸收。氮素过多,还会引起植株体内亚硝酸中毒,使根变褐色,抑制新芽生长。钾过剩时,会抑制植株对钙和镁的吸收,出现缺钙、缺镁症状。钙过量,又会抑制钾、镁的吸收,同时还会造成硼、锌、锰、铁、铜的吸收不足。可见,营养元素过多和不足,都会造成植株生长不良。

植株在吸收各种营养元素时,元素之间有时表现出促进作用,有时表现出拮抗作用,如磷与钼、铁与钾之间有促进作用,但磷与锌、钾与镁、硼与钙、铁与锰之间有拮抗作用。只有使各种元素之间保持适当比例,才能使营养平衡,达到高产、优质的目的。

四、辣椒的施肥技术

(一)苗期施肥

苗床是幼苗生长的基础,苗床的好坏直接影响到幼苗的生长。辣椒的根再生能力比番茄弱,根系也不发达,对土壤中含氧量的要求比番茄和茄子严格。当土壤中含氧量在 20% 左右时,对辣椒根系吸收营养元素和植株的生长比较有利。若含氧量降到 10% 以下,植株地上和地下部生长量锐减,甚至停止生长,引起沤根,导致落花、落果,所以床土既要肥沃,又要疏松通气。土壤孔隙度在 60% 以上,容重小于或等于 1 以及速效氮 50~100 毫克/千克、速效磷 50 毫克/千克、钾的含量较高的床土为最好。按照正确配制床土的方法配制床土,一般能达到上述要求,满足幼苗的生长。

辣椒苗期追肥,可以促进秧苗的生长发育,提高秧苗素质,特别是对一些早熟品种,中后期追肥效果尤为明显。苗期的追肥量要根据床土的肥沃程度、幼苗生长状况和品种而定。一般早熟品种在定植前对肥料反应比中晚熟品种明显。如果床土不肥沃,苗期又不追肥,会严重影响花芽分化。当幼苗展开 1～2 片真叶后,可追施 10% 充分腐熟的人粪尿水,或 0.1% 的尿素溶液,配合施用少量的磷、钾肥。磷钾肥可用过磷酸钙和草木灰,也可用 3% 的过磷酸钙浸出液、草木灰溶液或尿素与磷酸二氢钾 2：1 混合配成 500 倍液浇苗床。也可用 0.1% 磷酸二氢钾和 0.1% 尿素混合液进行叶面喷施。床土肥沃的可少追肥。辣椒苗的耐肥力比茄子苗弱,追肥浓度应比茄苗低,如果浓度过大,容易伤根,甚至引起落叶。追肥后应随即用清水将沾在叶片上的人粪尿水冲洗掉,以防伤叶。追肥一般在晴天中午前后进行。

(二)露地栽培施肥技术

1. 重施基肥　基肥以有机肥为主。常用的有机肥有厩肥、炕土、猪粪、塘泥、饼肥、草炭等。有机肥的养分含量比较全面,养分释放慢,肥效期长,不易烧苗。施用的有机肥应经过充分腐熟,方可使用。磷肥一般与有机肥混合沤制,可以提高磷肥的利用率。钾肥的大部分也用作基肥。基肥的用量一般每 667 平方米施用优质有机肥 5 000 千克,过磷酸钙 30～50 千克,硫酸钾 20 千克。有条件的可少量加入硫酸镁。基肥不能施的太浅,否则易造成肥料风化、流失,导致中后期肥效不足,影响产量。施用基肥时,一般先取 2/3 在耕地时施入,余下的 1/3 在定植时施入定植沟内。

2. 适时追肥　辣椒生长前期,天气比较凉爽,可每隔 5～6 天浇 1 次小水,随水冲入少量的粪稀,一般每次每 667 平方米施入 500～1 000 千克为宜。浇灌粪水之前,要先浇 1 次清水,以降低土壤中溶液浓度。追粪水时不要和草木灰同时施用,否则铵态氮会变成氨气挥发掉,减轻肥效。到 7 月份后,天气炎热,不宜再浇粪水,应以追施化肥为主。追施化肥,一般分

3次进行。第一次在门椒收获后,结合培土,每667平方米施入尿素10~15千克,追肥后浇水。第二次追肥在对椒迅速膨大时,每667平方米施入尿素10~15千克。第三层果迅速膨大时,进行第三次追肥。这次追肥要加大施用量,增强植株抵抗高温的能力,为下一次采收高峰做好准备。一般每667平方米施入尿素20~25千克,硫酸钾10千克。到了8月下旬,天气又转为凉爽,可在浇水时随水冲施粪稀。追施化肥以穴施为主,要将肥料埋入土下根际5~10厘米处。如果施肥时土不是很干,可先不浇水,过两天后,待尿素转化为植株易吸收的状态时再浇水,效果更好。

(三)保护地栽培施肥技术

1. **小拱棚辣椒早熟栽培施肥技术**　小拱棚是目前生产上应用较为普遍的一种蔬菜保护栽培方式,它结构简单,取材方便。小拱棚多用于辣椒春季早熟栽培。山东一般在3月下旬至4月上旬进行定植。定植前基肥施用量与露地栽培相似。一般在开花期可适当进行1次少量追肥。门椒坐果后,应进行1次大追肥,可结合中耕每667平方米撒施腐熟堆肥2 000千克,草木灰100千克或炕土200千克,也可施入氮磷钾三元复合肥20千克。追肥后浇1次水。门椒采收后,再施1次肥,每667平方米施硫酸铵20千克。以后可每隔5~6天浇1次水,隔1次水追1次肥,每次追施硫酸铵10~15千克。

2. **塑料大棚春提早辣椒栽培的施肥技术**　塑料大棚春提早辣椒,成熟期比露地栽培提早30~40天,产值也大大超过露地栽培。塑料大棚栽培辣椒,生育期和采收期比露地栽培长,需肥量也大,因此要加大基肥的施入量。一般每667平方米施入优质农家肥7 500千克,过磷酸钙60千克,碳酸氢铵50千克。定植时浇水不要太大,以免地温过低,影响缓苗。浇定植水后要及时中耕松土,提高地温,促进根系生长。中耕后要适当控制肥水,进行蹲苗。一般不浇水,不施肥,防止植株徒长,造成落花落果。当门椒长到直径为 2～3 厘米时,进行施肥,浇水。一般每 667 平方米施腐熟好的人粪尿 500～1 000 千克,或硫酸铵 15～25 千克。人粪尿随水冲施,硫酸铵穴施和沟施均可。施完肥后要及时进行中耕,改善土壤的通透性,提高地温,促进秧苗生长。当对椒长到 2～3 厘米时,门椒已采收,可进行第二次追肥。一般每 667 平方米追施硫酸铵 15 千克,硫酸钾 10 千克。另外加喷 3%的过磷酸钙浸出液,补充磷的不足。对椒收获后,第三层果实已开始膨大,第四层果实已坐住,就要进入果实采收高峰期。为准备高峰期果实能迅速扩大,应加大追肥量。一般每 667 平方米施硫酸铵 20 千克,硫酸钾 10 千克。盛果期后再追肥浇水 2～3 次,每次追施硫酸铵 10 千克,以利果实充分发育,防止落花落果。前期追肥,植株尚小,可以穴施,也可以撒施,但是不管哪一种方法,都应离根系远一点。后期,植株已经封垄,追肥随水冲施就可以了。

3. 日光温室栽培辣椒施肥技术 日光温室进行辣椒栽培有多种茬口,主要有秋冬茬、冬春茬、早春茬等形式。秋冬茬辣椒一般每 667 平方米施优质有机肥 5 000 千克,磷酸二铵 15 千克,硫酸钾 15 千克作为基肥。定植最好在晴天下午进行。一般定植后 20 多天,辣椒进入开花期,此时要加强通风透光,减少落花落果,不需追肥和浇水。门椒坐住后,追 1 次肥,每 667 平方米随水冲施粪水 1 000 千克,或者三元复合肥 15 千克。25～30 天后,门椒采收,对椒开始膨大,再追 1 次肥,一般每 667 平方米施硫酸铵 10 千克,硫酸钾 5 千克。以后可视植株生长状况及缺肥情况,酌情追施化肥。追肥一般不用碳酸氢铵,以防发生氨害。粪稀要充分腐熟,以防烧苗。

早春茬辣椒栽培要求在整地施肥前 1 个月左右扣好棚膜,待土壤充分化冻后再进行整地。基肥用量为每 667 平方米施优质有机肥 5 000～6 000 千克,磷酸二铵 30 千克。整地时要深翻 20～30 厘米,让粪土充分混合。也可把大部分基肥撒施地表,整地时翻入土中,小部分基肥直接施入定植沟内。定植水要浇足。门椒坐住前一般不浇水,不施肥。门椒开始膨大,可以追肥浇水。每 667 平方米追施尿素 10 千克,磷酸二铵 15 千克。进入盛果期,一般追肥 2～3 次,每次追施尿素 10 千克,或硫酸铵 15 千克,硫酸钾 5 千克。立夏后可撤去棚膜,进行露地栽培。

冬春茬辣椒栽培时间长,结果数量多,生物产量和目标产量均较大,植株负担较重,需肥量大,所以要重施基肥,多次、少量追肥。一般基肥施用量为优质有机肥 6 000 千克、硫酸铵 20 千克。当门椒长到 3 厘米左右时,结合浇水进行第一次追肥,每 667 平方米追施尿素 15 千克,或硫酸铵 25 千克,硫酸钾 10 千克。此后,根据植株长势进行追肥。植株长势过旺,可适当控制肥水。植株长势迟缓,可增加肥水,提高室内温度,促进植株生长。每次追肥不宜过多,一般施硫酸铵 10～15 千克为宜。浇水尽量在膜下进行,不可大水漫灌,以免大幅度地降低地温和提高室内的空气湿度,从而增加病害的发生。

4. 辣椒的根外追肥　辣椒同其他植物一样,除了根部能吸收营养元素外,叶片也有很好的吸收营养元素的功能。进行叶面施肥,可以有效地补充土壤施肥不足和微量元素的缺乏。根外追肥最好在蒸发量较小的晚上或早晨进行,不宜在日光充足的中午或大风天进行,也不宜在雨中或雨前进行,否则起不到追肥的效果。适宜作根外追肥的化肥有尿素、磷酸二铵、磷酸二氢钾、过磷酸钙、硫酸钾以及可溶性的微肥。草木灰可直接撒施在叶面,不仅有明显的增产效果,还具有防病治虫的作用。根外追肥养分吸收运转快,施用微量元素时,既可加速营养元素的吸收利用,又可避免土壤对肥料的固定和转化,提高了肥料利用率。根外追肥还可以与杀虫剂等同时喷洒,操作简便,省工,省时,省力。根外追肥的浓度一般在 0.1%～2% 之间,浓度不宜过大,否则易烧叶。

5. 植物生长调节剂在辣椒上的应用   植物生长调节剂在近几年来受到广大菜农的普遍关注,增产效果显著,应用范围也不断扩大。植物生长调节剂主要作用有:提高辣椒根系吸收能力,充分发挥肥力和所施肥料的作用,促使辣椒早发快长,加速生育进程;延长叶片光合作用时间,提高光合强度,促进养分合理运转,增强新陈代谢功能;保花,保果;提高抗逆性。目前适于辣椒的植物生长调节剂主要有:

(1)番茄灵   主要用于喷花或浸花,保果效果很好,而且操作简便。可以用喷雾器喷洒,浓度一般为 0.04‰。

(2)萘乙酸   用 0.05‰ 的萘乙酸喷花,可以提高坐果率,果实生长快,形状好,产量增加显著,植株无药害,叶片浓绿。

(3)助壮素   在初花期间喷洒浓度为 0.02‰ 的助壮素,植株生长健壮,保花保果效果也比较明显。

(4)防落素   在初花期用浓度为 0.03‰～0.04‰ 的防落素喷花,可提高坐果率 10% 左右。

另外,太得肥、光合微肥、喷施宝等微肥或叶面肥,虽然不是植物生长调节剂,但是施用量少,作用明显,越来越受到广大菜农的欢迎。例如太得肥,可以激发植株体内多种酶的活性,增强运转功能,提高土壤肥料利用率,促进植株发芽,生根,结果,早熟,增产。用在辣椒上,一般增产 20% 左右。

金盾版图书,科学实用,
通俗易懂,物美价廉,欢迎选购

以上图书由全国各地新华书店经销。凡向本社邮购图书或音像制品,可通过邮局汇款,在汇单"附言"栏填写所购书目,邮购图书均可享受9折优惠。购书30元(按打折后实款计算)以上的免收邮挂费,购书不足30元的按邮局资费标准收取3元挂号费,邮寄费由我社承担。邮购地址:北京市丰台区晓月中路29号,邮政编码:100072,联系人:金友,电话:(010)83210681、83210682、83219215、83219217(传真)。